DÉCOUVERTES

ET

INVENTIONS

SCIENCES — ART — INDUSTRIE

PAR

LÉON THIERRY

PARIS
N.-J. PHILIPPART, ÉDITEUR
4, RUE HONORÉ-CHEVALIER, 4
ET DANS LES DÉPARTEMENTS
CHEZ TOUS LES LIBRAIRES

INTRODUCTION

Les sciences et les arts ont eu leur berceau chez les Indiens. Crischna et Houlis, habiles dans tous les arts et créateurs de la musique; Naréda, fils de Brahma, qui leur donne des lois et se distingue à la fois dans les arts, les armes et les négociations, ont devancé les dieux mythologiques; les philosophes indiens, aussi anciennement que ceux de la Chaldée ont connu la science des nombres et les principes de l'astronomie. C'est en sortant de l'Inde que les sciences se sont répandues chez les Chaldéens, les Perses, les Phéniciens, les Égyptiens, les Chinois et les Scythes d'où les Atlantes paraissent être sortis.

Les astronomes indiens et chaldéens, pour mieux conserver leurs observations, les inscrivaient sur des tuiles ou briques. Les Chaldéens avaient découvert le système qui place le soleil au centre de l'univers et qui est aujourd'hui admis comme le véritable, depuis Copernic.

Les païens divinisaient les hommes qui créaient une science ou un art. Les chrétiens, appréciant mieux la source de ces biens, comprennent que les principes des sciences et des arts ont été révélés à l'homme, directement et par Dieu, à l'origine de la création. Les découvertes et applications, conséquence de ces principes, sont survenues ultérieurement, au fur et à mesure des progrès incessants réclamés par la marche de la civilisation.

Les peuples chrétiens ont vu, chaque siècle, s'agrandir la sphère de leurs connaissances, tandis que les autres nations ont laissé se perdre celles qu'elles possédaient jadis, ou du moins n'en ont point agrandi le champ.

C'est que le christianisme est le seul élément véritable de la civilisation intellectuelle et morale, à laquelle, on voudrait en vain le nier, sera toujours subordonnée la civilisation matérielle.

DÉCOUVERTES

ET

INVENTIONS

ACADÉMIES. — Platon (ve siècle avant J.-C.) rassemblait ses disciples dans un jardin appartenant à un nommé *Académus*. De là est venu le nom académie.

Académies de France. — Académie française, fondée par le cardinal de Richelieu, en 1635.

Académie des Beaux-Arts, fondée en 1648.

Académie des Sciences, fondée en 1666 par Colbert.

Académie des Inscriptions et Belles-Lettres, 1701.

Académie des Sciences morales et politiques, 1831.

La réunion de ces cinq Académies forme l'Institut de France.

Académies étrangères. — Prusse. — Académie des Sciences et Belles-Lettres, fondée en 1700.

Russie. — Académie impériale, 1726. — Académies des Sciences et des Beaux-Arts, 1765.

Espagne. — Académie royale, 1713.

Italie. — Académie de Bologne (Beaux-Arts), 1713. — Académie de Florence, 1552.

Angleterre. — Société royale de Londres, 1653.

Acajou. — C'est seulement au commencement du dix-huitième siècle que le frère du docteur Gibbot, commandant d'un bâtiment employé dans le commerce des Indes, rapporta, pour lui servir de lit, plusieurs madriers d'acajou. Il les envoya à son frère, qui faisait alors bâtir une maison à Londres. Mais les charpentiers, ayant trouvé ce bois trop dur pour leurs outils ordinaires, le laissèrent de côté. Quelques années après on fit une boîte à chandelles avec une des planches de ce bois, malgré le menuisier qui trouvait le bois trop dur à travailler. Cependant la boîte faite parut si belle à Gibbot, qu'il voulut un bureau pareil. La duchesse de Buckingham, ayant vu ce bureau, demanda au docteur le bois necessaire pour en faire faire un semblable C'est ainsi que l'acajou fut connu en Angleterre, dans le milieu du dix-huitième siècle.

Acier. — L'acier est une combinaison de fer et de charbon : il suffit de deux ou trois millièmes de cette seconde matière pour convertir le fer en acier. Il s'en trouve très peu à l'état naturel ; mais il est dans ce cas de beaucoup supérieur à celui fabriqué. On connaissait le moyen de transformer le fer en acier dès la plus haute antiquité. Les Indiens étaient surtout renommés pour la fonte du fer. Ils fondaient en acier des ouvrages de toutes sortes ; le cercueil de Tamerlan était d'acier fin. Les lames dites *damasquinées* que fournissaient les Indiens étaient très renommées. Elles prenaient leur nom de la ville de *Damas*, principal entrepôt de l'Inde. En France, les mines de Saint-Étienne fournissent d'excellents aciers naturels.

La bijouterie d'acier, qui tire son origine d'Orient, fut importée en France vers 740.

Dans l'opération de la trempe du fer, dit Perez de Vargas, l'acier revêt quatre couleurs : la première est d'un blanc d'argent ; la seconde, d'un jaune doré, la troisième, d'une nuance violette, et la quatrième, d'un gris cendré.

L'Angleterre passait autrefois pour fabriquer les meilleures lames d'acier. Aujourd'hui la France en produit d'aussi bonnes, surtout celles fabriquées à Rive-de-Gier et à Liancourt.

« L'acier naturel se retire directement du minerai; l'acier « de forge s'obtient par l'affinage partiel de la fonte; on « obtient l'acier de cémentation en soumettant le fer en « barre à l'action de la chaleur en contact avec du charbon. « On reproche à ce dernier acier de ne pas se prêter assez « au corroyage et à l'étirage, et de conserver entre ses pelli- « cules intérieures beaucoup de défauts de continuité, ce « qu'on appelle des *pailles*. On remédie à tous ces incon- « vénients par la fabrication de l'acier fondu, dont la décou- « verte est due à Benjamin Haussmann qui fonda le premier « établissement de ce genre aux environs de Sheffield en « 1740. C'est une nouvelle fusion qu'on fait subir à l'un des « trois aciers indiqués ci-dessus. » (*Curiosités des inventions et découvertes*, 1855). L'Académie des Sciences vient d'étudier un remarquable travail de M. Frémy, qui a démontré que l'azote joue un rôle très-important, et jusqu'à ce jour ignoré, dans l'aciération. On pourrait par suite, au moyen de principes azoteux, utiliser des minerais de qualités inférieures et développer considérablement la fabrication de l'acier qu'on obtiendrait ainsi sans différence de prix sensible avec le fer (1861).

Acupuncture. — Opération chirurgicale qui a pour effet de guérir des affections rhumatismales au moyen d'aiguilles introduites dans les chairs. Elle est pratiquée depuis les temps les plus anciens en Chine et au Japon. Le docteur Cloquet l'a fait admettre en France en 1825.

Aérostats. — Dès la plus haute antiquité, on voit les hommes chercher le moyen de s'élever dans l'air. La mythologie nous montre Icare et ses ailes de cire fondues par le soleil. En 1280, le grand Albert enseigna publiquement à Paris le moyen de construire une machine à l'aide de laquelle on pourrait voyager dans l'atmosphère. Le père Schott publia en Angleterre, en 1584, un livre expliquant les phénomènes attribués à la neige et dans lequel il pose en principe qu'on peut s'élever dans l'air en renfermant dans un vaisseau quelconque un fluide d'une subtilite suffisante. En 1676, un nommé Besnier imagina un appareil composé de plusieurs globes de cuivre dans lesquels on ferait le vide (*Journal des Savants*, p. 126, 1re édit.). En 1729, le père Guzman tenta de démontrer mathématiquement que la navigation dans l'air est praticable ; et, en 1772, Desforges, chanoine d'Étampes, construisit une machine d'après cette théorie. En 1779, Blanchard essaya de s'enlever par le moyen d'un appareil construit en vertu des principes de la mécanique, mais il ne put y réussir.

Toutes ces théories ,et les expériences qui en avaient été la suite, n'avaient produit aucun résultat satisfaisant, lorsqu'en 1782 les frères Montgolfier imaginèrent leurs aérostats. Ils en firent la première expérience publique à Annonay, le 5 juillet 1783. Leur ballon était en toile doublée de papier, monté sur bois et sur fils de fer, et il s'y rattachait une nacelle dans laquelle on plaça divers animaux. Pour enlever l'appareil, on brûla dessous de la paille mouillée, de telle façon que le ballon se remplit d'air dilaté, et par conséquent beaucoup plus léger que l'atmosphère. On obtint ainsi une force ascensionnelle assez considérable. Mais, la même année (1783), le physicien Charles, ayant substitué le gaz hydrogène, qui est quatorze fois plus léger que l'air, au procédé des Montgolfier, la force d'ascension fut considérablement augmentée. Ce même physicien remplaça l'enveloppe de toile par une enveloppe de taffetas enduit de gomme élastique dissoute à chaud, et l'illustre Desrozier s'enleva à l'aide d'un ballon de cette nature avec le marquis d'Orlande, le 15 novembre. On s'occupa depuis très activement du moyen de diriger les aérostats. Blanchard, qui avait construit un ballon à ailes, fit, le 7 janvier 1785, le trajet de Douvres à Calais en deux heures. Mais on n'a encore obtenu que des résultats partiels, et le secret de la navigation aérienne est reste un problème Un rapport de Fourcroy à la Convention, en date du 2 février 1795, relate qu'à cette époque il y avait eu 54 ascensions d'aéronautes français. Quand on voit que des machines informes du seizième siècle on en est arrivé aux aérostats si perfectionnés de nos jours, on ne doit pas craindre d'espérer que ce problème ait un jour une heureuse solution.

Les ascensions en ballons ont donné à la science la solution de plusieurs problèmes intéressants de météorologie. En 1803, MM. Biot et Gay-Lussac s'élevèrent à 4,000 mètres. Le 16 septembre 1804, M. Gay-Lussac s'éleva jusqu'à 7,000 mètres. Le baromètre qui, au départ, marquait $0^{m},76^{c}$ tomba à $0^{m},32^{c}$, à la limite de l'ascension. Le thermomètre, qui indiquait 25 degrés au-dessus de zéro, descendit à 9 degrés au-dessous de zéro.

Agriculture. — Cet art est né avec les hommes, à l'existence desquels il était indispensable. Le premier traité d'agriculture qui parut en France est dû à Olivier de Serres, en 1523. Les travaux de Parmentier commencèrent à donner en France du goût pour l'agriculture. De nos jours, on a rendu à cet art l'importance qu'il mérite. Au point de vue de l'économie sociale, on a reconnu que l'agriculture était la première source de la prospérité des États. Au point de vue moral, on a compris ce sage précepte de Caton. « Celui qui travaille à la terre ne songe pas à mal faire. » MM. de Dombasle, de Gasparin, Dailly, ont rendu de grands services au pays en développant par leurs théories, et ce qui est plus concluant, par la pratique, les grands principes de l'agriculture perfectionnée. Des écrivains distingués, parmi lesquels nous citerons M. Lecouteux, en raison de la clarté et de la précision de ses appréciations, ont contribué puissamment à développer dans notre pays l'instruction agricole. Au point de vue de l'influence moralisatrice, nous ne citerons qu'un fait, mais il est concluant. La colonie pénitentiaire de Mettray, fondée, en 1840, pour recevoir les jeunes détenus, a eu pour but de moraliser ces jeunes enfants que la nature et les mauvais exemples avaient rendus pervers. Les dignes fondateurs de cette colonie ont eu pour principe d'appliquer surtout les enfants confiés à leurs soins aux travaux agricoles. Plus de deux mille colons sont sortis de Mettray, et les récidives pour les enfants élevés dans cet établissement sont de 5 p. 100, alors qu'elles étaient autrefois pour les enfants sortis des prisons de 70 à 75 p. 100. Ce succès si important est dû en grande partie aux bonnes inspirations que les colons ont puisées dans les travaux des champs, et il est complété par la sage organisation d'un patronage assidu et éclairé.

Aiguilles. — Elles étaient très-anciennement connues en Égypte, dans l'Inde et l'Orient; mais, dans l'origine, ce furent des os pointus, des arêtes de poissons et des épines. On ne sait à quelle époque ont été inventées les aiguilles d'acier; elles furent importées en Angleterre par un Indien, en 1545. Le procédé de leur fabrication fut perdu, mais il fut retrouvé en 1560 par Greening. Le nombre des opérations diverses que subit la matière première pour devenir une aiguille est de 120.

Aimant. — Les anciens connaissaient par quelques auteurs la propriété qu'a l'aimant de se diriger constamment vers le pôle nord. Ce qui le ferait supposer avec quelque raison, c'est que les navires de Salomon allèrent plusieurs fois jusqu'au midi de l'Afrique (au lieu où est le cap de Bonne-Espérance), et qu'ils n'auraient pu faire, même en longeant les côtes, d'aussi longs voyages sans un moyen certain de se guider. Mais cette decouverte avait été perdue, et ce fut Jean de Gioja (natif d'Amalfi en Italie) qui, au treizième siècle, retrouva cette propriété et imagina l'aiguille aimantée, qui est la pièce principale de la boussole (V. Boussole).

Air. — Lavoisier, à la fin du dix-huitième siècle, découvrit que l'air est composé de deux gaz, l'oxygène et l'azote. Le premier est le principe de la vie des hommes, des animaux et des plantes, ainsi que de la combustion des corps. L'azote jouit de propriétés toutes contraires à celles de l'oxygène. Il asphyxie les animaux et éteint les corps enflammés que l'on y plonge. L'azote joue dans l'air le rôle de modérateur Il empêche une action trop vive de l'oxygène. Cent parties d'air contiennent 79 centièmes d'oxygène et 21 centièmes d'azote.

Il se trouve aussi dans l'air, mais dans des quantités presque incalculables, des atomes d'acide carbonique. Les chimistes qui ont tenté d'établir une proportion estiment que, sur 100 parties d'air, il y a 46 dix-millièmes d'acide carbonique. La pesanteur de l'air fut soupçonnée par Aristote, mais ne fut pas prouvée. Galilée l'ignorait. En 1643, Toricelli la démontra en plongeant dans le mercure un tube dans lequel il avait fait le vide. Pascal acheva de constater la vérité de cette assertion. La pesanteur de la colonne atmosphérique équivaut à 28 pouces de mercure (0m,76) et à 32 pieds d'eau (10m,40c). L'effet de la pression de l'air, par rapport à un homme de moyenne taille, serait de 16,000 kilogrammes, si cet homme était placé dans le vide et n'avait point les fluides intérieurs qui contre-balancent le poids de l'air.

Alambic distillatoire. — L'alambic, sous forme de cornue, était connu des alchimistes du moyen âge. Nous parlerons seulement de l'alambic de M. Cellier, dont l'appareil donna, dès 1813, en 24 heures, plus de 30,000 litres de liqueur, et n'exigeait que deux hommes pour le diriger.

Algèbre. — C'est à Diophante, qui vivait au quatrième siècle, qu'on attribue l'invention de l'algèbre ; mais le nom de cette science vient d'Al-Geber, savant maure, qui l'introduisit en Europe au onzième siècle. Ce fut au seizième siècle (1590-1600) que Viète, mathématicien français, fit entrer dans les calculs algébriques l'usage des lettres de l'alphabet.

Descartes est le premier qui ait songé à appliquer l'algèbre à la résolution des problèmes de géométrie. Il créa ainsi une nouvelle science nommée géométrie analytique, qui a fait faire de grands progrès aux mathématiques.

ALLUMETTES CHIMIQUES. — Inventées en 1835. Le bois est recouvert de soufre à une extrémité, puis de chlorate de potasse et de phosphore sur le soufre, le tout couvert d'un vernis qui préserve l'allumette de l'humidité. Le chlorate de potasse, qui détonne et brûle par le frottement, enflamme le phosphore, qui fait brûler le soufre, lequel embrase le bois. Dans celles qui ne détonnent pas, le chlorate est remplacé par du salpêtre raffiné. On vient d'inventer un système d'allumettes qui ne s'enflamment que sur une composition spéciale attachée à la boîte. Le gouvernement en a prescrit l'emploi dans les casernes, et on ne saurait trop les recommander dans les familles. On les nomme allumettes amorphes. Ces allumettes présentent encore un autre avantage, c'est que les matières dont elles sont recouvertes ne sont pas d'une nature toxique, c'est-à-dire contenant du poison, et que leur emploi prévient les crimes et les accidents auxquels donnent lieu trop souvent les allumettes chimiques ordinaires.

ALMANACH. — Le plus ancien est celui que Darius imagina au moment de marcher contre les Scythes. Ayant confié aux Ioniens la garde d'un pont, il forma soixante nœuds sur une corde, la remit aux chefs, en leur recommandant de défaire chaque jour un des nœuds, et de s'en aller s'il n'était pas de retour avant qu'ils fussent tous dénoués.

L'invention des almanachs proprement dits paraît appartenir aux Egyptiens. Ce mot est arabe et a passé dans notre langue avec l'objet qu'il désigne. On ignore l'époque de l'introduction des almanachs en Europe. L'*Almanach Royal de France* parut pour la première fois en 1679. La même année a vu commencer l'Almanach nautique ou *Connaissance des Temps*, dont un abrégé paraît tous les ans sous le titre de *Annuaire du bureau des longitudes*.

ALPHABET. — L'alphabet, ainsi nommé des deux premières lettres grecques A B, qu'on prononce *alpha*, *bêta*, nous vient des anciennes civilisations de l'Asie. Il n'est pas le même dans toutes les langues; quelques-unes ont deux signes distinctifs pour la même *voix*, selon qu'elle est longue ou brève, tandis que d'autres n'indiquent cette différence que par des accents; l'*h*, le *v* manquent dans le grec, qui, d'un autre côté, a des lettres doubles *csi*, *psi*. Quelques signes, communs à plusieurs langues, n'ont pas une même prononciation. Cependant, malgré ces différences, il est aisé de reconnaître une intime parenté entre la plupart des alphabets connus. Les Chinois n'ont pas d'alphabet : chez eux les caractères représentent non des sons, mais des idées ; et l'on estime que leur écriture n'emploie pas moins de cent mille signes. Ce fait suffirait seul à expliquer l'état d'infériorité dans lequel ils végètent depuis si longtemps.

L'alphabet hébreu n'a que 22 lettres ; l'alphabet arabe en a 34.

Amiante. — Cette matière minérale se trouvait autrefois auprès de Caryste, ville de l'île d'Eubée. Les anciens savaient faire de l'amiante une toile incombustible dans laquelle on brûlait les corps des grands pour conserver leurs cendres, séparées de celles des bûchers. Ces toiles, jetées au feu, en sortent plus blanches et plus éclatantes ; elles deviennent seulement plus légères et plus luisantes. Au deuxième siècle, l'amiante était si rare, que Pline compare sa valeur à celle des pierres précieuses. Aujourd'hui on tire l'amiante de plusieurs îles de l'Archipel. On en trouve en Italie, en Corse, en Angleterre, en Espagne et en France. Une montagne d'amiante a été découverte en Sibérie, en 1712. Madame Perpenti de Milan, a découvert le moyen de filer l'amiante pour en obtenir un fil propre à la tissanderie et à la confection du papier.

Amidon. — Est la matière nutritive des végétaux. On l'extrayait dans l'origine en broyant les grains. En 1716, Vaudreuil parvint à l'extraire des racines ; celui de pomme de terre fut obtenu en 1739 par De Chèse. Mathieu de Dombasle et Saussure ont réussi à convertir l'amidon en alcool. L'empesage du linge par l'amidon date du seizième siècle.

ANTIMOINE. — Ce fut au seizième siècle que l'on découvrit les propriétés de ce minéral, que toutes les mines de métaux produisent. En France, les plus abondantes sont celles de Massiac, en Auvergne. On en a découvert dans le département de l'Isère, en 1803. Il se mêle avec avantage à l'étain, au plomb et au cuivre, et entre d'une manière salutaire dans les préparations médicinales. On fait les caractères d'imprimerie avec la combinaison de l'antimoine et du plomb.

Basile Valentin, moine allemand, passe pour le premier qui en ait fait prendre intérieurement, en 1430. Le nom d'antimoine vient, dit-on, d'un essai malheureux que fit Valentin sur les moines de son couvent, car il en empoisonna plusieurs et les autres furent gravement malades. Depuis 1637, l'Académie de médecine a admis l'antimoine au nombre des purgatifs, en prescrivant les précautions à prendre pour son usage.

ARC. — L'arc, le javelot, la fronde, remontent à la plus haute antiquité. Lors de la découverte de l'Amérique on a trouvé presque toutes les peuplables sauvages armées d'arcs.

Achille, au siége de Troie, fut blessé au talon par une flèche. David tua le géant Goliath avec une fronde.

Les archers crétois étaient renommés dans l'antiquité; ceux d'Angleterre le furent au moyen âge. L'histoire grecque rapporte qu'un habile tireur nommé Aster, irrité contre Philippe, roi de Macédoine, qui avait dédaigné ses services, pénétra dans la ville de Méthone, qu'assiégeait ce monarque, et lui tira une flèche sur laquelle étaient écrits ces mots: *A l'œil droit de Philippe.* La flèche atteignit son but.

ARÉOMÈTRE. — Les anciens auteurs parlent d'un aréomètre inventé à Alexandrie au cinquième siècle. Mais l'instrument moderne, plus connu sous le nom de pèse-liqueurs, fut inventé par Homberg en 1690. Il a été perfectionné par Guyton de Morveau, Farhenheit et Nicholson.

Arquebuse. — L'arquebuse qui lançait des flèches fut remplacée, en 1521, par l'arquebuse avec un canon en fer.

Artillerie. — Roger Bacon, mort en 1294, indiqua la poudre à canon. — Premier usage de la mine en Europe au siége du château de l'Œuf, en 1503. — Les bombes furent inventées en 1588.

Asphalte. — Ce genre de bitume était connu et employé depuis la plus haute antiquité comme ciment dans les constructions et comme conservatif pour l'embaumement des corps. Son nom lui vient du lac Asphaltite, ou mer Morte, dans la Judée, parce qu'on le trouve en abondance sur ses bords. Le premier essai de dallage à l'asphalte fut fait à Paris sur le pont Royal en 1831.

Astronomie — Les Chinois ont fait dès la plus haute antiquité des observations astronomiques. Thalès de Milet donna aux Grecs les premières notions d'astronomie (610 avant J.-C.) Pythagore soupçonna le mouvement de la terre (sixième siècle avant J.-C.). Ptolémée publia en 140 son système, qui érige en principe l'immobilité de la terre et le mouvement du soleil. Copernic, en 1527, exposa le système contraire, qui est généralement admis aujourd'hui comme le meilleur.

Attraction. — La découverte des principes de l'attraction universelle est due à Newton, 1637. — C'est à l'aide de ce principe qu'il est parvenu à connaître la masse et la densité du soleil et des planètes. Tous les corps qui tournent autour du soleil sont, comme cet astre, doués de la puissance de l'attraction.

Automates. — Archytas fit, au cinquième siècle avant J.-C., un pigeon qui volait assez longtemps et s'abattait ensuite sans efforts. Albert le Grand, évêque de Ratisbonne au treizième siècle, construisit une tête d'airain qui prononçait des sons articulés. M. de Kempelen fit voir à Paris, en 1785, un automate qui jouait sans se tromper une partie d'échecs, et prononçait des phrases. En 1808, on vit un automate de M. Maetzel sonner des fanfares et accompagner le piano. Vaucanson, né à Grenoble en 1709, construisit un grand nombre de ces automates, parmi lesquels on citait surtout un homme qui jouait à la fois du tambour et du galoubet, et un canard qui digérait. Mais il ne se borna pas à ces créations de curiosité : il fut chargé par le cardinal de Fleury de l'inspection des manufactures de soie et perfectionna les métiers alors en usage.

B

Bagues. — Leur usage remonte aux Chaldéens, aux Égyptiens et aux Hébreux. Les chevaliers romains en portaient une : de là les bagues dites chevalières.

Bains. — Les bains sont d'origine orientale, et leur usage remonte à la plus haute antiquité. Mais on se ferait une très fausse idée de ces bains si on les comparait à nos établissements modernes. Les bains des Orientaux étaient de la même nature que ceux existant encore en Algérie sous le nom de bains maures. Ils se composaient, comme on le voit dans Vitruve et dans Pline, de plusieurs pièces. Dans la première de ces pièces, on quittait ses vêtements ; dans la seconde, on se trouvait exposé à une chaleur très forte, qui développait une sueur abondante, puis on se plaçait dans de grandes baignoires de marbre, sous des robinets d'eau chaude, puis tiède, puis froide, pendant qu'un servant des bains vous épongeait, vous massait, vous étirait les membres et les frottait avec des savons. On restait ensuite étendu dans une chambre de température moins élevée, jusqu'à ce que le corps fût séché. On reprenait ses vêtements, et on ne sortait qu'après avoir fait une station dans une dernière pièce qui vous préparait à respirer sans une transition trop brusque l'air extérieur. Tels étaient les bains orientaux.

Les Romains avaient ajouté des gymnases dans l'intérieur de leurs bains pour développer les forces des membres au moment où ils venaient d'être assouplis. Les bains d'eau, dans les baignoires, pour les particuliers, ne datent en France que du seizième siècle. Le premier fut construit sur le quai d'Orsay.

Balancier a frapper les monnaies. — Il fut inventé par Briot, sous le règne de Louis XIII.

Banques. — La banque de Venise est le premier établissement de ce genre ; elle remonte au milieu du douzième siècle.

Dates de la fondation des principales banques. — Gênes, 1345. — Amsterdam, 31 juillet 1609. — Hambourg, 1619. — Angleterre, 1694. — Vienne, 1704. — Russie, 1768 — États-Unis, 1790.

Banque de France : — En 1717, un Écossais, nommé Law, tenta d'établir une banque en France. Mais les opérations ne furent pas conduites avec la prudence nécessaire, et cette banque tomba en 1720. Cependant le principe fondamental en était bon, car ce fut sur les mêmes bases qu'en 1789 l'Assemblée constituante décréta la conversion en Banque nationale de France de la Caisse d'escompte existant depuis 1765. La banque actuelle fut organisée définitivement par la loi du 25 avril 1803.

Baromètre. — Toricelli inventa le baromètre en 1643. — Depuis, Pascal et Huyghens le perfectionnèrent. De nos jours, Fortin et Gay-Lussac ont encore ajouté à ces perfectionnements.

Le baromètre fait équilibre à la pesanteur de l'atmosphère, laquelle équivaut, au niveau de la mer, à 10m.40c d'eau ou à 0m.76c de mercure. On comprend donc que cet instrument peut servir à mesurer les hauteurs des montagnes et des édifices par les différences de son niveau. Il sert aussi à connaître les variations du temps, par la raison que l'hygrométrie a reconnu que l'air humide présageant les temps pluvieux est plus lourd que l'air sec, qui annonce le beau temps. On a donc pu établir un cadran sur lequel une aiguille correspond à des indications calculées d'après la pression plus ou moins forte que l'air exerce sur le mercure du baromètre.

Bas. — Les premiers bas au métier furent fabriqués en Angleterre au seizième siècle. Les Anglais, chez lesquels il paraît prouvé (*Dictionnaire du Commerce*) que cette invention a été portée par un Français, qui n'avait pas trouvé, comme cela arrive malheureusement trop souvent (dans notre pays) les moyens d'exploiter son invention, comprirent si bien l'importance commerciale de cette découverte, qu'ils défendirent, sous peine de mort, de laisser sortir de l'île ni métier ni dessins ni indications. Un Français, nommé Hindret, se rendit en Angleterre en 1656, examina les métiers sans pouvoir prendre aucune note, et, par un effort prodigieux de mémoire, réussit à en reconstruire un tout à fait semblable, et établit en France la première manufacture de bas au château de Madrid (bois de Boulogne). — Notre pays fut obligé de reconquérir par la ruse ce qui aurait dû lui appartenir par le droit. Les bas à côtes inventés réellement en Angleterre ne furent connus en France qu'en 1770. (A cette époque M. Sarazzin établit une manufacture de ces bas à Lyon.)

Bien que la soie fût connue en France dès le quinzième siècle, on ne savait pas en tricoter des bas ; on portait alors des bas d'étoffes de laine ou de soie nommés chausses : de là était venu le mot haut-de-chausses, et, dans nos temps modernes, celui de chaussettes.

Les premiers bas de soie tricotés furent portés par Henri II, en 1559, et ce ne fut qu'en 1569 que ceux tricotés à l'aiguille furent fabriqués en Angleterre par Rider.

Baïonnette. — Elle fut inventée, en 1670, à Bayonne. Le premier régiment qui eut des baïonnettes adaptées au bout du fusil fut le Royal-artillerie, en 1671. — Dans l'origine, la baïonnette entrait dans le canon du fusil, ce qui empêchait de tirer et de charger. On imagina bientôt la douille, qui prend en dehors le canon et ne gêne en rien l'exercice du fusil.

BESICLES. — Les besicles ont été mises en usage par Alexandre Spina, dominicain de Pise, au XIVe siècle (V. LUNETTES).

BETTERAVE. — Apportée d'Italie en France, vers la fin du seizième siècle, selon Olivier de Serres. Les études qu'il fit lui-même sur le sucre de betteraves datent de 1605 (V. SUCRE).

BIBLIOTHÈQUES. — Leur création remonte aux Hébreux. — Celle d'Alexandrie fut fondée par Ptolémée Philadelphe; elle fut brûlée au septième siècle par ordre du calife Omar. — Celle du Vatican remonte à 1449 ; elle est due au pape Nicolas V. — La bibliothèque royale de Paris, fondée par Jean II (dit le Bon), dans le vieux Louvre, n'avait d'abord que vingt volumes. Charles V en porta le nombre à neuf cents. C'est en 1724 que le duc d'Orléans l'établit rue de Richelieu. En 1840, on estimait le nombre des volumes à un million, dont un dixième en manuscrits. Aujourd'hui, la Bibliothèque Impériale de la rue de Richelieu compte plus de deux millions de volumes en catalogue. — Celles de la Sainte-Chapelle et de la Sorbonne furent créées par saint Louis.

BLANCHIMENT DES TOILES. — Le blanchiment des substances végétales au moyen de l'acide muriatique oxygéné fut découvert par M. Berthollet (mort le 6 oct. 1822). Ce fut un immense service rendu à l'industrie des fabricants de toiles, et l'inventeur, pour que son procédé se généralisât plus promptement, ne voulut pas prendre un brevet, qui l'eût cependant rendu plusieurs fois millionnaire.

BLEU DE PRUSSE. — On en doit la découverte à un chimiste de Berlin, nommé Dippel, qui le trouva par hasard en 1709. C'est une combinaison de l'acide prussique avec le fer.

Bombes. — Inventées en 1457 par Sigismond Malesta, prince de Rimini, qui construisit aussi le mortier. On se servit des bombes en France pour la première fois au siége de Mézières, en 1521. Suivant les auteurs de l'*Encyclopédie*, on ne s'en servit qu'en 1654, au siége de la Motte. Ce fut, en effet, à cette époque, que les mortiers furent perfectionnés par un ingénieur anglais nommé Mathus; mais les bombes étaient déjà connues.

Bougie. — Ce mot vient d'une des villes de l'Algérie d'où on tirait autrefois de grandes quantités de cire pour l'éclairage. En 1787, le *Journal de Paris* parlait d'une bougie de cire et de fécule de pomme de terre qui durait un temps considérable, et qui ne tachait point les étoffes; mais l'essai parait être resté à l'état d'expérience. En 1825, MM. Gay-Lussac et Chevreul ont inventé les bougies stéariques faites avec du suif épuré.

Boulets rouges. — Le prince de Brandebourg s'en servit pour la première fois au siége de Straalsund, en 1675.

Bourse. — Les Romains avaient dans leurs principales villes des lieux où se réunissaient les commerçants. La Bourse de Rome, *collegium mercatorum*, fut bâtie 493 ans avant J.-C. Lyon avait une Bourse avant le seizième siècle. Celle de Toulouse fut construite en 1549, et celle de Rouen en 1566. A Paris, la Bourse se tint dans plusieurs endroits. Le monument actuel fut commencé en 1808 par Brongniart et achevé par Labarre.

Boussole. — Inventée en 1302, d'autres disent perfectionnee, ainsi que le compas de marine, par le Napolitain Flavio Gioja. Plusieurs ouvrages (entre autres le livre de Guyot, de Provins) font mention, dès l'année 1130, d'une sorte de boussole nommée Marinette. Mais cette version est combattue par plusieurs auteurs, entre autres par Barbazan. Ce qui est certain, c'est que, si cet instrument existait, il était de peu d'utilité à cause de son imperfection.

C

Cacao. — Ce fruit, qui est la base du chocolat, n'est connu que depuis la découverte de l'Amérique. Son usage ne s'est établi en France que vers la fin du dix-septième siècle. Avant que les Européens en aient fait une branche d'industrie, l'amande du cacaoyer était un signe monétaire dont se servaient plusieurs peuples de l'Amérique.

Cachemires. — Introduction en France des chèvres de Cachemire, par Ternaux, en 1819, et création par lui des étoffes dites Cachemires français.

Cadastre. — Le premier cadastre fut ordonné à Rome par Servius Tullius, 578 ans avant J.-C. Il fut établi en Angleterre, en 1080, par Guillaume le Conquérant. Grégoire de Tours dit que les rois Sigebert et Childebert ordonnèrent l'impôt sur des évaluations cadastrales vers 561. — En 1789, on avait décrété le cadastre général de la France, mais l'exécution de ce projet ne commença qu'en 1805.

Cadrans solaires. — Leur invention est attribuée aux Chaldéens. L'histoire sainte fait mention d'un cadran solaire qui se trouvait dans le palais d'Ézéchias, vers 725 avant J.-C. Le premier cadran solaire qu'on ait vu à Rome y fut apporté de Catane par Valérius Messala, vers l'an 51 avant J.-C.

Café. — Il est originaire de l'Yemen (Arabie Heureuse). Dans les environs de Moka, les caféiers ont jusqu'à treize mètres de hauteur. En 1656, Jean Thévenot l'introduisit en France ; et ce sont deux pieds de caféiers, exportés du Jardin des Plantes aux Antilles, qui sont devenus la souche des immenses plantations qui couvrent aujourd'hui ces riches colonies. « Il ne faut pas oublier, dit M. Castel, que

« c'est M. Déclieux qui porta ce trésor aux Antilles, et que, « l'eau étant devenue rare sur le navire, il partagea chaque « jour avec ses arbustes la faible ration qu'on lui donnait. »

Calcul. — Mot qui vient du latin *calculus* (petit caillou), parce que les Romains faisaient avec de petits cailloux leurs opérations d'arithmétique.

L'art du calcul par les fractions décimales est dû à un célèbre astronome du XVe siècle, nommé Regiomontanus.

Calendrier. — Les anciens calculaient l'année par les lunes ; par suite, leurs calculs étaient difficiles et souvent inexacts. Sosigène, savant Egyptien appelé à Rome par Jules César, calcula le cours de l'année solaire. Ce nouveau calendrier commença l'an de Rome 708 (44 ans av. J.-C.). — Invention de la période julienne par Scaliger, en 1558.— Réforme du calendrier par Grégoire XIII, en 1582 ; il est désigné depuis cette époque sous le nom de Calendrier grégorien. — En 1564, Charles IX avait fixé le commencement de l'année au 1er janvier : précédemment elle commençait à Pâques. — Le calendrier républicain fut établi le 9 octobre 1793 ; l'astronome Lalande en fournit le cadre, le conventionnel Romme le remplit, et les noms des mois furent imaginés par Fabre d'Eglantine. — Il fut aboli en 1805, après treize ans, deux mois et vingt-quatre jours de durée.

Canons. — Ils furent inventés par Berthalde Schwartz et employés pour la première fois en 1338 (huit ans avant la bataille de Crécy, où l'on place généralement leur usage pour la première fois). On ne commença à s'en servir sur les vaisseaux qu'au milieu du seizième siècle. Les canons *rayés* ont une grande portée et sont d'invention toute récente.

Caoutchouc. — Extrait de plusieurs arbres de l'Amérique méridionale et des Indes ; il a été importé de Cayenne en France, au commencement du dix-huitième siècle, par

Fresnau. On donne le nom de caoutchouc vulcanisé à un mélange de cette substance avec du soufre, qui le rend solide et inaltérable à la chaleur.

Carrosses. — En 1457, l'empereur Ladislas V fit cadeau à la reine de France d'un char qui fut fort admiré à Paris, et qui, dit un ancien auteur, « était branlant, » ce qui ferait supposer qu'il était suspendu à des soupentes. — Sous François Ier, il n'y avait que trois carrosses à Paris : l'un au roi, l'autre à Diane de Poitiers, et le troisième à un gentilhomme, René de Laval, qui devait ce privilége à sa grosseur monstrueuse, laquelle l'empêchait de monter à cheval. — On doit aux Italiens les glaces de carrosses, et le premier ainsi orné qui parut en France fut celui de Bassompierre ; elles remplacèrent les portières de cuir ou rideaux flottants. — Les carrosses suspendus sont de l'invention de Philippe Chaize — Les premiers carrosses qu'on ait vus à Vienne datent de 1615 ; ceux de Londres, de 1580. — Les carrosses de remise furent établis à Paris en 1650, et les fiacres en 1657. — Les chaises de poste sont de l'année 1664, et de l'invention de la Crugère. — Au commencement du dix-septième siècle, on comptait à peine à Paris 400 carrosses. Si l'on en croit le dictionnaire de MM. Noël et Laplace, publié en 1827, on comptait à cette époque plus de 20,000 carrosses à Paris, non compris ceux de remises et les fiacres Nous regardons ce chiffre comme fort exagéré. Le dernier recensement fait à Paris, en 1860, a prouvé que cette ville renfermait, en véhicules de toutes sortes, 33,035 voitures, dont 8,151 voitures bourgeoises (communes comprises).

Cartes à jouer. — En usage bien avant la folie de Charles VI, quoi qu'on en ait dit ; elles ont été inventées en Orient, et les croisés les introduisirent en France. Une ordonnance de Louis IX, du mois de decembre 1254. en prohibe l'usage. Une autre, de Charles V, en date de 1369, renouvelle la même prohibition, — Il y en avait en Espagne dès 1350 ; mais, lorsque le roi Charles VI tomba en démence, Jacquemin Gringonneur (1392) en imagina de particulières à la France. — En les supposant inventées à la fin du quatorzième siècle, elles ne pouvaient être que dessinées ou peintes, puisque la gravure sur bois n'est guère antérieure à 1428, et la gravure sur métal (cuivre) ne fut imaginée par Finiguerra qu'en 1452.

CARTES GÉOGRAPHIQUES. — Les premières cartes géographiques furent gravées sur bois, en 1482, pour l'ouvrage de Ptolémée. — Les grandes cartes de France furent levées par Cassini, en 1757, d'après les ordres de Louis XV.

CHAÎNES DE MONTRE. — Nos premières chaînes d'acier pour le mouvement des montres nous furent envoyées de Londres, où s'était fixé le Génevois Gruet, leur inventeur. Avant lui, on se servait dans l'horlogerie de cordes à boyaux.

CHANDELLES. — L'invention des chandelles remonte à la fin du treizième siècle. On se servait auparavant de torches de résine. Les chandelles de cire tirent leur nom de la ville de Bougie en Afrique, où on en fabriquait de très grandes quantités. La bougie dite stéarique se fabrique seulement depuis 1825.

CHANGE (Lettre de). — Inventée par les Lombards vers 750. Cette invention fut renouvelée, et, suivant d'autres, créée en 1181, par les Juifs chassés de France, qui s'en servirent pour faire passer leur fortune en pays étranger. Cette ingénieuse idée ouvrit au commerce une ère nouvelle et d'immenses ressources en organisant le crédit sur de larges bases.

CHANVRE. — Le chanvre est originaire de la Perse, d'où il passa en Égypte. Il parut en Grèce vers 530 avant J.-C. Pline cite particulièrement la ville de Bourges pour ses bons chanvres, et rapporte qu'il se filait dans cette contrée des quantités prodigieuses de toile. Mais l'art de préparer cette plante et d'en tirer de la toile se perdit dans le moyen âge, et l'usage des chemises de serge se conserva fort longtemps. On taxa de prodigalité la reine Isabeau de Bavière (femme de Charles VI) pour avoir eu deux chemises de toile fine, et on fit aussi la remarque que Catherine de Médicis possédait des chemises de toile.

Charrue. — La charrue remonte à la plus haute antiquité. Dès le temps de Jacob, 1,800 ans avant J.-C., on labourait avec la charrue Les Gaulois, selon Pline, inventèrent la charrue à roue 500 ans avant J.-C. — Celle à levier fut inventée par Grangé en 1835. — Mathieu de Dombasle a considérablement perfectionné cet instrument. Dans les Indes, les Anglais emploient les éléphants à traîner d'énormes charrues qui creusent des sillons de un mètre et demi de largeur sur un mètre un cinquième de profondeur, dans lesquels, après avoir mis l'engrais, on place des plants de canne à sucre.

Chaussures. — Les chaussures des Grecs et des Romains furent d'abord de cuir, comme les nôtres. La soie rouge ou le lin blanc brodé de pierres précieuses devinrent la marque distinctive des empereurs romains. Les hommes du peuple portaient les chaussures noires; les femmes les portaient blanches.

Parmi les chaussures antiques on doit distinguer le *brodequin* et le *cothurne*, inventés par le poëte Eschyle, afin de pouvoir donner plus de dignité aux acteurs. Le brodequin était attribué à la comédie, le cothurne à la tragédie.

C'est sous le règne de Philippe le Bel que parurent les souliers dits à la *Pouline* (ou à la *Poulaine*) du nom de *Poulin* leur inventeur. Ils se terminaient en pointes plus ou moins longues, suivant la qualité des personnes; d'où le dicton : *Il est sur un grand pied dans le monde.* La pointe était de deux pieds pour les princes et les seigneurs; d'un pied pour les notables, et d'un demi-pied pour les gens du commun.

On a considéré dans ces dernières années comme une

invention nouvelle les souliers dits à vis. Mais, en 1816, M. Barnet avait importé en France cette invention qu'il tenait d'un cordonnier de Philadelphie.

On ne peut assigner d'une manière précise l'époque à laquelle remonte l'usage des bottes que l'on conjecture avoir commencé au douzième siècle. Les Grecs et les Romains portèrent des bottines de cuir de bœuf.

Cheminées. — L'usage des cheminées ne date que du treizième siècle. Avant cette époque, on se chauffait avec des brasiers, comme on le fait encore en Espagne, en Afrique, et dans beaucoup de pays d'Orient.

Chemins de fer (V. Vapeur).

Chiffres. — Les anciens représentaient les nombres par des lettres. Les chiffres dont on se sert aujourd'hui paraissent venir des Arabes. Gerbert, précepteur du roi Robert (fils de Hugues Capet), introduisit en France l'usage de ces caractères; mais on ne s'en servit communément qu'à partir du règne de Henri III. Ils furent introduits en Angleterre en 1253; en Allemagne en 1306; en Russie vers 1700.

Chimie. — L'école moderne de la chimie pneumatique fut fondée, vers 1780, par Priestley, Fourcroy, Scheele et Lavoisier, à la suite de la découverte de l'oxygène, en 1774, par le premier. — La chimie fut appliquée aux arts et à l'industrie par Chaptal en 1816.

Chlore. — Ce fut Scheele qui signala l'existence de ce gaz, en 1774. (V. Blanchiment.) — La découverte du chloroforme est due à M. Soubeiran. Son application pour préserver de la douleur les malades qu'on opère fut faite par le docteur Simpson.

Chocolat. — Le premier cacaoyer fut planté à la Martinique vers 1660 : plus tard on en cultiva l'amande. Du

Mexique, les Espagnols l'importèrent en Europe, ainsi que l'usage du chocolat, vers 1520 ; mais ce n'est qu'en 1663 que le cardinal archevêque de Lyon, Alphonse de Richelieu, l'introduisit en France (V. CACAO).

CHRONOMÈTRE. — Georges Graham, mort en 1751, inventa le chronomètre, ou montre marine, qui sert à calculer les divisions de la seconde, et qui conserve toujours l'heure de l'endroit duquel on est parti.

CIRCUMNAVIGATION. — La découverte de l'Amérique par Christophe Colomb, en 1492, détermina les grands voyages autour du monde qui furent tentés depuis cette époque, dans l'espoir de découvrir de nouvelles terres. — Le premier fut entrepris par Magellan (1519-1522).

CLOCHES. — Elles furent connues de toute antiquité des peuples primitifs. Le grand prêtre des Hebreux portait dans les cérémonies une tunique garnie de clochettes. Chez les Athéniens, les prêtres de Proserpine appelaient le peuple aux sacrifices avec une cloche. Les uns attribuent leur introduction dans les églises à saint Paulin, évêque de Nole, au cinquième siècle ; les autres au pape Sabinien, vers l'an 606 ; d'autres enfin, en placent l'usage en France au sixième siècle (550). Auparavant, on appelait les fidèles à l'office en frappant sur des planches de rue en rue. Le métal dont on compose les cloches est un alliage de 78 parties de cuivre et de 22 parties d'étain. On y ajoute souvent quelques parties de fer et d'arsenic.

Ce n'est que vers le commencement du huitième siècle qu'on prit l'habitude de baptiser les cloches. Le bourdon de Notre-Dame de Paris a eu pour parrain Louis XIV et pour marraine la reine Marie-Thérèse.

COCHENILLE. — Cet insecte, auquel nous devons les belles couleurs de pourpre et d'écarlate, est, dit Raynal, de la forme et de la grosseur d'une punaise. Les femelles se fixent sur les plantes où elles restent attachées par une espèce de trompe. Le mâle a des ailes; il voltige autour des femelles et meurt aussitôt après les avoir fécondées. Le meilleur moment de la récolte est celui où la ponte des femelles est prochaine, car les œufs sont très riches en couleur. La cochenille vit sur le nopal, sorte de cactus, et on remarque que ces insectes se placent presque exclusivement du côté opposé à celui qui reçoit le vent d'est. — Pour obtenir un kilogramme de matière de teinture, il ne faut pas moins de 140,000 de ces insectes; et on évalue à 56 milliards le nombre que l'Europe et la teinturerie européenne en immolent annuellement.

Coton. — C'est en Angleterre que fut inventée, en 1747, la fabrication du velours de coton. — Premiers essais de la filature du coton à la mécanique par le tisserand Hargrave, perfectionnés en 1769 et 1775 par Arkwright de Preston. — Les machines à filer le coton parurent en France en 1795. — Un enfant travaillant à une filature fait aujourd'hui l'ouvrage de mille fileurs par l'ancien système, dit à la quenouille.

Cristaux. — L'art de les tailler nous est venu de Bohême. Un nommé Bucher l'importa en France dans la verrerie de Saint-Quirin. Mais la découverte de l'acide fluorique, par Scheele, en 1771, perfectionnée par Gay-Lussac et Thénard, a donné le moyen de les graver et de les tailler avec une promptitude remarquable.

D

Daguerréotype (Photographie), qui signifie écriture ou gravure par la lumière, inventé par MM. Niepce et Daguerre en 1838.

Désinfection (de l'air). — Guyton de Morveau, en 1773, trouva le moyen de désinfecter l'air à l'aide de fumigations acides. — Les propriétés désinfectantes du chlore ont été découvertes par Labarraque en 1822.

Diamant. — Les Anciens, dit Pline, ne connurent que fort tard la valeur du diamant. Le premier diamant taillé le fut par Louis de Berquem (ou Berghem), natif de Bruges, à qui le frottement accidentel de deux diamants l'un contre l'autre révéla cet art, qu'il mit en pratique au quinzième siècle, au moyen d'une roue et de la poudre de diamant. — L'art de graver sur le diamant fut depuis inventé par Claude Biragues. Agnès Sorel fut la première en France qui porta des diamants dans ses cheveux. — La vogue des diamants en Europe date de la mort de Marie-Thérèse d'Autriche; elle remplaça celle des perles. — Les diamants de la couronne de France sont évalués à 21 millions.

Les Anciens tiraient, dans les premiers temps, leurs diamants d'Éthiopie et de la Macédoine. Ce ne fut que plus tard qu'on connut ceux des Indes Dans ce pays, il y a des mines de diamant dans les royaumes de Golconde, de Visapour et du Bengale.

Les Portugais découvrirent des mines de diamant au Brésil, en 1728.

Diorama. — Inventé, établi et montré en spectacle à Paris, de nos jours, par Bouton et Daguerre La première exhibition de ce genre est du 11 juillet 1822. On y fit voir un tableau de M. Bouton, représentant l'intérieur de la cathédrale de Cantorbéry, et un tableau de M. Daguerre, représentant la vallée de Sarnen.

Dissection. — Vésale, célèbre médecin belge du seizième siècle, est le premier qui ait disséqué des corps humains. Il rendit ainsi d'immenses services à la médecine et créa une science nouvelle, celle de l'anatomie. Sous Louis XIV, des cours furent faits au jardin du roi (Jardin des plantes). Le premier professeur fut Dionis.

Distillation.—Les Romains, au temps des œuvres de Pline

(premier siècle), ne connaissaient pas encore l'art de la distillation. Tout porte à croire, dit M. Chaptal, que ce procédé est dû aux Arabes. — C'est d'Italie que ce procédé est passé en France vers 1514, sous Louis XII, qui établit la communauté des vinaigriers et distillateurs en eau-de-vie et esprit de vin — La distillation du bois a été imaginée vers 1785 par l'ingénieur français Lebon — Celle de l'eau de mer est due au Napolitain Porta, qui, le premier, obtint deux litres d'eau douce par la distillation de trois litres d'eau salée.

Dorure. — La dorure fut d'abord connue en Grèce ; c'est de ce pays que cet art passa à Rome, en 561 — Plus tard, on employa, pour dorer les métaux et les bois, des compositions mercurielles qui causaient aux ouvriers de terribles maladies, telles que le tremblement mercuriel, la danse de Saint-Guy, la cachexie, etc. On doit donc considérer comme une utile invention pour l'humanité le procédé découvert, il y a une vingtaine d'années, par M. de Ruolz, et qui consiste à dorer, argenter, etc., au moyen de l'électricité.

Draps. — Les fabriques de draps ont été développées en France par les soins de Colbert, en 1667, et sont devenues, dès cette époque, supérieures à celles de Flandre, de Hollande et d'Angleterre, — En 1812, les anglais Douglas et Cockerill importèrent en France les premières machines à filer la laine. Cependant, disent MM. Noël et Laplace, il est certain que, dès l'année 1790, M. Delarche (d'Amiens) avait imaginé une tondeuse, pour laquelle la Société d'encouragement, à sa fondation, accorda à ce mécanicien une prime de 600 francs.

Les travaux de MM. Watier et Ternaux ont contribué puissamment, de notre temps, à perfectionner le tissage de la laine (V. Cachemires).

Ductilimètre. — Marteau inventé en 1822 par M. Régnier pour mesurer la ductilité des métaux.

E

Eau. — En 1781, Cavendish fut le premier qui émit l'avis que l'eau contenait de l'hydrogène et de l'oxygène, mais sans déterminer les proportions. Ce fut Lavoisier qui les trouva en 1785 avec Meunier. Ils démontrèrent que cent parties d'eau sont composées de 11,71 hydrogène, 88,29 oxygène et en plus de 1 pour 100 ou demi pour 100 azote. M. Bertholet a trouvé le moyen de conserver l'eau sans qu'elle se corrompe en la mettant dans des tonneaux charbonnés.

L'eau de mer peut être rendue potable. M. Poissonier, à l'aide d'une machine qu'il inventa vers le milieu du dix-huitième siècle, et d'une poudre, parvint à donner le moyen d'enlever à l'eau de mer ses principes salins. Cependant, malgré de nombreuses expériences faites par les Anglais, qui ont perfectionné ces procédés, il ne paraît pas qu'on ait encore muni les vaisseaux d'appareils distillatoires pour l'eau de mer.

Écarlate. — Découverte due, ainsi que la pourpre, d'abord aux Tyriens, puis au Hollandais Corneille Drebbel, en 1572. Selon d'autres, ce fut un teinturier du faubourg Saint-Marcel à Paris, Jean Gobelin, qui teignit le premier les laines en écarlate, et c'est lui qui, grâce à la protection si éclairée et si puissante de Colbert, a donné son nom à la manufacture de tapisseries dite des Gobelins.

Échecs. — Quelques auteurs placent l'invention de ce jeu au siége de Troie et l'attribuent à Palamède. Mais on admet plus généralement qu'il fut imaginé par un philosophe indien nommé Sissa ou Sisla, au commencement du cinquième siècle.

Le roi de l'Inde, qui se nommait Sirham, voulut récompenser l'inventeur, et lui promit de lui donner ce qu'il demanderait. Sissa demanda qu'on lui donnât le nombre de grains de blé que produiraient les cases de l'échiquier en plaçant un grain sur la première case, et en doublant toujours jusqu'à la soixante-quatrième. Peu s'en fallut que sa demande ne fût rejetée avec mépris, comme celle d'un homme qui se méfiait de la générosité et des richesses de son souverain, en s'amusant à lui demander quelques sacs de blé : mais il pria le prince d'en faire faire le calcul par les mathématiciens de son empire. Lorsqu'ils eurent fait leur rapport, la demande, si modique en apparence, surpassait toutes les richesses du souverain, dans une si étonnante proportion, qu'il refusa d'abord de les en croire, et qu'il fit recommencer le calcul en sa présence.

Le nombre de grains de blé que Sessa eût dû recevoir pour la dernière case se serait élevé à

9,223,372,036,854,775,808,

et pour les soixante-quatre cases réunies à

18,446,744,073.709,551,615.

En supposant qu'un kilogramme de blé de grosseur médiocre contienne environ 26,000 grains, l'hectolitre de blé de 80 kilogrammes en contiendra 2,480,800; en divisant le nombre trouvé ci-dessus par celui-ci, le quotient sera 8,868,626,958,514 hectolitres. Supposons encore qu'un hectare rende 25 hectolitres, on aura, en divisant par 25, le nombre d'hectolitres, 354,745,078,341 hectares, surface égale à celle qui serait nécessaire pour produire dans un an la quantité de blé demandée par *Sessa*. Or cette surface est celle d'un globe huit fois plus grand que la terre, en y comprenant tout ce qui est occupé par les eaux des mers, des lacs, des rivières, les forêts et les villes.

On a aussi évalué la somme de ces grains de blé à seize mille trois cent quatre-vingt-quatre villes, dont chacune cointiendrait mille vingt-quatre greniers, dans chacun desquels il y aurait cent soixante-quatorze mille sept cent soixante-deux mesures, et dans chaque mesure trente-deux mille sept cent-soixante-huit grains.

Éclairage. — L'éclairage public a subi les transformations successives des vessies, des lanternes, des réverbères et du gaz. Argant inventa, en 1785, les lampes qui, plus tard furent perfectionnées par Carcel. — Le gaz hydrogène carboné a été appliqué pour la première fois, en France, par l'ingénieur français Lebon, vers 1785 ; mais l'usage n'en fut adopté qu'en 1818. Les chandelles de suif parurent pour la première fois en 1250.

Éclipses. — Furent observées par Thalès de Milet ; Anaxagore, qui vivait du temps de Périclès, fut le premier des Grecs qui écrivit clairement sur les phases de la lune et sur les éclipses. Ramer a inventé une sorte de planisphère qui, au moyen d'une manivelle, montre les éclipses qui ont eu lieu et celles qui doivent avoir lieu.

Écluses. — En 1481 furent charpentées les écluses à doubles portes. Leur construction fut appliquée pour la première fois, en France, aux canaux de Briare et d'Orléans, qui joignent la Loire à la Seine. En 1765, M. Zacharie imagina des portes d'écluses d'un seul vantail, qui, au lieu de s'ouvrir horizontalement, s'abaissait au fond du canal.

En 1808, M. Bétancourt a imaginé un système d'écluses appliqué avec succès sur nos canaux.

Écriture. — L'art de matérialiser la pensée a paru si extraordinaire aux peuples de l'antiquité, que, dans toutes leurs traditions, on les voit en faire honneur à leurs dieux. On doit donc mettre cet art au rang des révélations. Les lettres dont on se sert en France pour l'écriture viennent des Romains. L'alphabet d'imprimerie, dont nous nous servons aujourd'hui, a été inventé par Jean Amerbach, vers 1505. Jusque-là, on se servait de caractères gothiques.

Égouts. — Les égouts de Rome (nommés *cloacæ*) furent construits sous le règne de Tarquin l'Ancien. Ils traversaient toutes les parties basses de la ville. — Agrippa fit construire des égouts si grands et si nombreux, que, selon l'expression de Pline, il bâtit, sous la capitale de l'empi e, une seconde ville navigable. — Les premiers égoûts construits à Paris le furent, de 1470 à 1595, par le prévôt Aubriot.

Électricité. — Le succin ou ambre jaune est un bitume solide qui se trouve dans plusieurs endroits de la terre. Il a la propriété de devenir très électrique par le frottement. La découverte de la vertu attractive de l'ambre jaune ou succin (nommé *Electrum* par les Anciens) était connue dès la plus haute antiqu té. — Les premières observations modernes sur l'électricité sont de Gilbert, physicien anglais. Quelque temps aprés, Othon de Guericke, bourgmestre de Magdebourg, fit des expériences très importantes. Il découvrit l'attraction et la répulsion électriqu s, et la possibilité de transmettre l'électricité par un fil. Hauksbée inventa le tuyau et le globe de ver e qu'il fit tourner sur son axe. M. Gray, en 1720, indiqua le moyen d'électriser les métaux et les liqueurs. La bouteille de Leyde fut imaginée par M. Cuneus en 1746. — Le développement de l'électricité par le contact des corps fut découvert par Volta, qui publia son premier mémoire à ce sujet en 1792. Les travaux des savants modernes ont prouvé que l'électricité joue le premier rôle dans les phénomènes chimiques et physiques.

Émail. — L'émail est une préparation du verre auquel on donne différentes couleurs. Il y a des émaux transparents et des émaux opaques L'art d'émailler sur la terre et sur les métaux était connu des Anciens. — Un orfèvre de Châteaudun, nommé Jean Toutin, fabriqua, vers 1630, des bijoux émaillés. Son élève Gribelin améliora ce procédé. Morlière et Dubié le perfectionnèrent ensuite, et dès lors les portraits en émail furent très recherchés.

Le premier peintre sur émail qui s'acquit une grande réputation, fut Jean Petitot, Génevois d'origine, qui s'était établi en Angleterre et vint à Paris en 1649, après la mort de Charles II, qui l'avait logé à Whitte-Hall.

Émétique. — En 1651, Adrien Mynsicht fit connaître les effets de ce remède; mais il ne commença à être réellement en usage qu'en 1658, après que le docteur du Saussoi eut rendu la santé à Louis XIV en lui faisant prendre de l'émétique, malgré les avis contraires de toute la Faculté. L'émétique est un tartrate de potasse et d'antimoine.

Épée, Glaive, Poignard, Dague. — Ces sortes d'armes remontent à la plus haute antiquité. L'épée grecque des premiers temps avait la forme d'un fer à cheval. Les fantassins, sous Titus, portaient une épée au côté gauche et un poignard au côté droit On ne peut également assigner d'époque à l'invention du sabre, qui est une des premières armes dont on se soit servi.

Épingle. — Les épingles étaient en usage en France au quinzième siècle, ainsi que le prouve un arrêt rendu en 1416, et condamnant à la peine de mort Jean Perquin, marchand d'épingles. Elles ne furent introduites en Angleterre qu'en 1543, par Catherine Howard. Avant l'invention des épingles, on se servait d'ivoire taillé ou d'épines. On a calculé qu'il se consommait par an, à Paris, environ 60 millions d'épingles de toutes sortes.

Esponton, ou demi-pique, fut l'arme des officiers jusqu'en 1758.

Estampes. — Vers l'an 1460, un orfévre de Florence, nommé Maso Finiguerra, remarqua que, lorsqu'il gravait, les sujets restaient marqués dans ses empreintes par le moyen du noir qui résultait de la fusion du soufre qu'il employait; il essaya de reproduire ces dessins sur le papier et y réussit. Les épreuves résultant de ce genre d'impression furent nommées estampes, du verbe italien *stampare*, imprimer.

Éthérisation. — L'éthérisation, inventée il y a quelques années par Jackson, chimiste de Boston, avait pour but de plonger les patients, destinés à subir des opérations douloureuses, dans un engourdissement qui les préservait de la douleur. Ce principe a été remplacé avec avantage par le chloroforme, dû au docteur Simpson, de Londres.

Faïence. — Il y a lieu de croire que cette composition était connue des Égyptiens, qui la couvraient d'un émail bleu ou vert. Le nom de faïence tire son origine, selon quelques-uns de Faenza, bourg d'Italie, où on commença d'en fabriquer en 1299, et, selon d'autres, de Faïence, petite ville de Provence, le premier endroit où on en ait fabriqué en France. — Bernard Palissy au quinzième siècle, par la découverte de son émail, devint le véritable créateur de la faïence française.

F

Fer. — La nature a répandu ce métal dans tous les climats. Il n'y en a cependant pas de plus difficile à découvrir et à travailler. Une seule fonte suffit pour rendre l'or et l'argent malléables; mais il n'en est pas de même du fer. Cependant l'art de forger le fer était connu des Grecs, quinze cents ans avant Jésus-Christ, et, dans les livres de Moïse, on voit que le lit d'Og, roi de Basan, était de fer. C'est seulement depuis le commencement du dix-huitième siècle qu'on se sert en Angleterre du charbon de terre pour l'extraction du fer des mines, — M. Menghini, docteur italien, a prouvé que deux onces de la partie rouge du sang humain contenaient vingt grains d'une cendre attirable par l'aimant. La chair contient aussi du fer.

Fer-blanc. — C'est du fer en feuilles minces qu'on recouvre d'étain. Fabriqué d'abord en Bohême, puis en Saxe, au commencement du dix-septième siècle, il fut perfectionné par les Anglais. La première manufacture en France, dont l'établissement fut projeté par Colbert, date réellement de 1718.

Ferrement. — Les Grecs ne ferraient pas leurs chevaux. Chez les Romains, l'usage du ferrement ne s'établit qu'au règne de l'empereur Sévère (194). Le cheval qui, en France, porta les premiers fers, fut celui du roi Childéric. en 481; Guillaume le Conquérant en transporta l'usage en Angleterre en 1066. Dans l'origine on ne clouait pas les fers; on les attachait avec des liens comme des sandales.

Feu grégeois. — Il fut ainsi appelé parce que les Grecs s'en servirent les premiers. Son invention est due à Callinique en 672. A l'époque des croisades, les Sarrasins s'en servirent contre les armées chrétiennes. Le secret en fut ensuite perdu. Sous Louis XV, un nommé Dupré le retrouva; le roi acheta son secret pour l'anéantir. La composition de ce feu, dans lequel la potasse forme la base principale, a été retrouvée dans un manuscrit du treizième siècle, à la bibliothèque de Munich.

Fiacres. — « Je me souviens, » dit le père Labat (qui mourut en 1755), « d'avoir vu le premier carrosse de « louage qu'il y ait eu à Paris. Il se payait cinq sous l'heure « et contenait six personnes. »

L'inventeur est un nommé Sauvage, qui tenait un hôtel dans la rue Saint-Martin, à l'enseigne de Saint-Fiacre.

Fifre. — L'usage de cet instrument dans l'armée française est dû aux Suisses, qui l'y introduisirent sous le règne de Louis XI.

Fil. — Les Groenlandais cousent encore leurs vêtements avec des boyaux de poissons séchés à l'air. Les Esquimaux et les sauvages de l'Afrique se servent de nerfs d'animaux. L'art de filer s'est introduit chez les Égyptiens par Isis, à une époque qu'on ne peut préciser. — Le fil d'archal a été inventé par Rudolphe de Nuremberg, au quinzième siècle. Il découvrit aussi le moyen de faire des fils d'or et d'argent.

Figuier. — D'origine asiatique, mais acclimaté depuis longtemps dans le midi de l'Europe. La propriété nutritive de son fruit est connue de temps immémorial. Les figuiers étaient sacrés à Athènes.

Filature. — Un ouvrier fileur, nommé James Hargrave, inventa, vers 1760, la première machine à carder, et, en 1767, le métier connu sous le nom de Jeannette, qui remplaçait quarante fileuses à rouet. Ces machines furent remplacées par la filature continue (à cylindre ou à laminoirs) imaginée en 1768 par un barbier nommé Arkwright, qui fonda une importante manufacture à Nottingham et acquit une fortune colossale. En 1775, Samuel Crampton inventa la machine connue sous le nom de Mull-Jenny. En 1784 on appliqua aux filatures de coton les machines à vapeur.

Filoselle. — La filoselle se fait avec la bourre de soie qu'on jetait autrefois comme inutile après avoir dévidé le fil. Il y a très peu d'années qu'on en fabrique en France. Les premiers succès importants ont été obtenus par M. Ajac, de Lyon, qui, en 1825, a établi une grande variété de châles en bourre de soie.

Filtres. — Les filtres pour la clarification de l'eau, au moyen du charbon, furent inventés en 1801 par MM. Smith, Cuchet et Montfort.

Flottage. — En 1549, Paris étant menacé de manquer de bois à cause de la difficulté des voies de communication, un marchand, nommé Jean Rouvet, imagina de fournir à la capitale le bois dont elle avait besoin au moyen du flottage. On retira de si grands avantages de ce système, comme célérité et comme économie, qu'en 1560 et 1690 le gouvernement réglementa le flottage avec une grande sollicitude.

Foires. — La première foire établie en France fut celle du Landit, inaugurée par Charlemagne à Aix-la-Chapelle, et qui fut transférée à Saint-Denis par Charles le Chauve. La foire de Saint-Germain date du règne de Louis XI (1452). Ce n'est que plus tard que s'établit la foire de Saint-Laurent.

FONDERIE. — Cet art remonte aux Grecs et aux Égyptiens. Il disparut à l'époque de la décadence du Bas-Empire. Il reparut au dix-septième siècle en France. La statue équestre de Louis XIV, fondue en 1699, est la première d'une seule pièce qu'on ait coulée en France. Elle était due à Balthasar Keller ; elle avait 21 pieds de haut.

FORTÉ-PIANO. Le piano, qui est un perfectionnement de l'instrument nommé autrefois clavecin, fut imaginé par M. Silbermann dans le dix-huitième siècle.

FRESQUES. — Ce genre de peinture est fort ancien ; plusieurs temples d'Athènes en possédaient. Elle nous est venue en 1020 d'Italie, ainsi que la mosaïque.

FUSIL. — Le fusil, inventé en France en 1630, devint d'un usage général en 1703. — Les cartouches ne sont connues que depuis 1690, et l'on ne commença à s'en servir en France qu'en 1704. En 1758, les officiers portèrent le fusil ; mais cet usage incommode cessa en 1784. — Le fusil à vent avait été inventé en 1560, à Nuremberg — Les carabines sont en usage dans la cavalerie depuis la fin du seizième siècle. — Le fusil à *percussion* date de 1817. On se sert aujourd'hui du fusil à canon rayé.

GALVANISME — Électricité animale découverte en 1792 par Galvani, professeur de médecine à Bologne. C'est aux mouvements tétaniques qu'il remarqua dans une grenouille qu'il disséquait en même temps qu'on faisait des expériences électriques dans la pièce où il travaillait, qu'il dut la révélation de cette électricité.

GALVANOPLASTIE. — Ce procédé, découvert par M. de

Ruolz en 1840, consiste à appliquer les métaux sur toute espèce de corps au moyen de la pile galvanique à courants constants.

Gamme. — La gamme de musique fut imaginée par Guy Arétin, moine de l'ordre de Saint-Benoît, à Arezzo (Toscane), en 1026. — La gamme de Guy ne contenait que six notes, ut, ré, mi, fa, sol, la. Le si est dû à le Maire, vers la fin du dix-septième siècle, ou du moins il en régularisa l'usage, car plusieurs avant lui avaient senti la nécessité de l'introduction de cette septième note.

Garance. — La culture de la garance était connue en France en 1275 (ainsi que le constate un traité passé entre le prieur de Saint-Denis et le religieux infirmier, au sujet de la dîme sur la garance). Mais on en perdit sans doute la culture, car le Persan Althen, qui la fit connaître dans le midi de la France sous Louis XVI, fut regardé comme le créateur de cette riche industrie dans notre pays.

Gaz. — Le premier qui tenta de décomposer l'air fut un médecin du Périgord du nom de Jean Rey, dont les expériences furent renouvelées par Bagen, mais sans progrès notables jusqu'à Lavoisier. C'est à lui qu'est due la décomposition de l'air en oxygène et azote (V. Air et Éclairage).

Gazettes. — L'Italie en eut au dix-septième siècle. C'est de Venise que les nôtres prirent leur origine, et leur nom vient de gazetta, petite monnaie italienne. Les premières furent publiées en France par le médecin Renaudot, en 1631. — Le premier numéro du *Journal de Paris* est du 1er janvier 1777. — Le *Moniteur* commença le 24 novembre 1789.

Gazomètre. — Imaginé par Séguin, en 1798, pour la formation du gaz d'éclairage.

Gélatine. — La gélatine est une des substances qui composent les solides des organes des animaux. On peut la faire dissoudre dans l'eau bouillante, et, en refroidissant, elle se présente sous la forme de gelée. M. Darcet est le premier qui ait songé à la solidifier pour en faire une matière nutritive. Le même savant est parvenu à faire de la gélatine un papier très solide et une sorte d'écaille.

Géométrie descriptive. — Elle fut imaginée par Monge, mort en 1818.

Glaces. — C'est Venise qui, vers 1325, a donné naissance à l'art de manufacturer les glaces. Cette ville en eut longtemps le monopole. Colbert rappela les ouvriers français qui se trouvaient à Venise et leur donna de grands priviléges pour s'établir en France. Il érigea, en 1666, en manufacture royale, l'établissement d'Eustache Grandmont, et de Jean-Antoine d'Anthonneuil, qui avait été fondé en 1634 à Paris. D'autres manufactures furent créées à Tourlaville, près de Cherbourg. — Dans l'origine, les glaces étaient soufflées. — Les glaces ne furent coulées qu'en 1685 ou 1688, par Abraham Thévart; ce fut sous sa direction que la manufacture de glaces de Paris passa à Saint-Gobin, où les glaces sont façonnées brutes, et d'où on les envoie à Paris pour les dernières opérations qu'exigent le tain et le poli de la glace. — Celles à losanges ou à demi ternes et dépolies, qui permettent de voir sans être vu, sont de l'invention de Bernières, et datent de 1769.

Gravure. — Les anciens ne connaissaient que la gravure en relief et en creux sur les métaux, les cristaux et les pierres fines. Les Anglais ont dès longtemps excellé dans la gravure sur bois, qui fut connue en 1430. De nos jours, les Français ont atteint un grand mérite dans cet art. Celle sur cuivre ou en taille douce fut inventée en 1452 par Maso Finiguerra, orfévre florentin; celle à l'eau-forte, par Mantegna, né près de Padoue en 1451 ; le plus celèbre parmi les premiers graveurs au moyen de ce procédé fut

Albert Dürer, auquel on a attribué aussi l'invention de ce procédé. La gravure sur pierre, ou lithographie, a été inventée par Senefelder. Dans notre siècle, M. Lasteyrie l'a popularisée en France (V. LITHOGRAPHIE).

Perkins a inventé en 1818 un procédé très économique et très prompt pour graver sur acier, et se procurer un nombre infini de planches, avec une seule planche gravée. Voici en quoi il consiste : on désacière d'abord la surface de l'acier en la couvrant de limaille de fer et en mettant le métal au feu dans un vase clos. On le laisse ensuite refroidir, et la gravure y est alors facile; quand la planche est gravée, on l'acière de nouveau en la couvrant de poudre de charbon et en la chauffant. Cette planche est ensuite portée sous une presse à cylindres en acier; et, comme la surface de l'un de ces cylindres a été désaciérée, elle reçoit en relief tous les traits gravés; on acière de nouveau ce cylindre, qui imprime ensuite ses caractères sur des planches de cuivre.

H

HACHE D'ARMES. — La francisque, hache à deux tranchants, et la framée, étaient les armes des Francs. La hache d'armes fut en usage jusqu'au seizième siècle.

HAQUET. — L'invention de cette charette à bascule, si commode pour les chargements et déchargements de lourds fardeaux, est due à Pascal.

HORLOGERIE. — Les plus importantes inventions en horlogerie sont dues à Leroy et à Bréguet. Leroy, en 1770, créa l'échappement libre, le balancier compensateur, l'isochronisme des oscillations du balancier par le ressort spiral. Bréguet, en 1806, perfectionna encore cet art. Lepaute, mort en 1849, est l'auteur de l'horloge de la Bourse de Paris. Les horloges à roues datent du quatrième siècle. Ce fut en 760 que le pape Paul Ier envoya la première qui parut en France à Pépin le Bref. La seconde fut un don du calife Haroun-al-Raschid, à Charlemagne; elle était à sonnerie. Gerbert, vers 999, exécuta la première horloge à balancier. Celle du palais de Justice (alors palais du roi) fut la première exécutée et établie à Paris en 1370, par l'Allemand de Wich. L'application aux horloges, en 1647, du pendule inventé par Galilée, est due à Huyghens.

Hydrogène. — Il fut découvert au commencement du dix-septième siècle. Son union avec l'oxygène donne pour résultat l'eau (V. Eau). Le gaz d'éclairage est de l'hydrogène carboné.

Hygromètre. — Le premier fut imaginé par Saussure, en 1782. Cet instrument sert à mesurer le degré d'humidité de l'air.

I

Impression. — L'industrie de l'impression sur étoffe date de la plus haute antiquité. La première manufacture en ce genre qu'ait possédée la France fut établie à Jouy par Oberkampf. Ce n'est qu'en 1801 que les cylindres ont été substitués aux planches de cuivre. Mulhouse est célèbre par la solidité des couleurs de ses toiles peintes.

Imprimerie. — Inventée par Gutenberg. Il y avait déjà en 1436 des livres imprimés par Jean Fust, de Mayence, sous la direction de Gutenberg. Dans les commencements de la découverte de l'imprimerie on sculptait les lettres à la surface du bois, et en frottant cette planche avec de l'encre on en prenait l'empreinte sur le papier. Ce procédé étant très long et très coûteux, Gutenberg, en 1436, parvint à rendre les caractères mobiles; mais ce ne fut qu'en 1452 que les caractères de métal furent substitués à ceux de bois par le gendre de Fust, Pierre Schœffer. — La première imprimerie en France fut établie en 1470. L'imprimerie royale fut fondée par François Ier, en 1521.

La stéreotypie a été inventée en 1735. C'est l'art de rendre solides les formes qui ont été composées avec des caractères mobiles. Le clichage consiste à prendre dans une matière molle l'empreinte des formes composées et à remplir ces empreintes d'une nouvelle fonte sur laquelle on imprime.

Indigo. — L'indigo est une fécule extraite des feuilles de l'indigotier, plante des Indes orientales, naturalisée en Amérique. Il parut en Europe au dix-septième siècle.

Inoculation. — L'usage de l'inoculation artificielle de la petite vérole, pour prévenir les dangers de cette maladie, était connu en Orient dès les premiers siècles. L'inoculation fut expérimentée pour la première fois en France en 1750, sur les enfants du duc d'Orléans. Elle l'avait déjà été en Angleterre en 1721 ; lady Montagu l'y avait introduite, en 1717, à son retour de Constantinople. L'inoculation est aujourd'hui remplacée par la vaccine (V. Vaccine).

Iode. — L'iode et ses propriétés furent découvertes en 1811 par un ouvrier salpêtrier, nommé Nicolas Courtois

J

Jardin botanique. — Le premier fut celui de Padoue, en 1533. — Le jardin botanique de Paris fut établi en 1636.

K

Kaléïdoscope. — Inventé au commencement de ce siècle par le physicien anglais Brewster. Cet instrument sert aux dessinateurs sur etoffes pour leur donner des idées de dessins variés.

L

Laine. — Les machines à carder et à filer la laine n'ont été mises en activité en France qu'en 1803

Laiton. — Alliage de zinc et de cuivre découvert au seizième siècle par Ebner, fondateur de l'Université d'Helmstadt. La première fabrique importante en France est de 1810. Elle fut fondée par M. de Condamine, à Fromelenne (Ardennes).

Lampe de sureté. — Elle a été inventée, en 1815, par l'Anglais Humphry Davy, pour préserver les ouvriers mineurs de l'explosion de la mofette (*feu grisou*), ou gaz hydrogène carboné.

Grâce à cette lampe qui est recouverte en platine, on est averti de la présence des gaz asphyxiants. La lumière s'éteint ou une teinte noire se forme sur le couvercle. On peut ainsi arriver dans les mines avec un sûr moyen d'exploration.

Lance. — Arme très ancienne, qui fut en usage dans la cavalerie française jusque sous Henri IV (1610). L'emploi de la lance dans la cavalerie moderne date, en France, de 1806, époque de la création des régiments de lanciers.

Lanternes. — Elles remplacèrent les vessies et furent elles-mêmes remplacées en 1770 par les réverbères.

Lithographie. — La lithographie fut découverte en 1796, par Aloys Senefelder, choriste du théâtre de Munich, en 1802.

Le procédé de la lithographie est beaucoup plus expéditif que celui de la gravure.

On fait d'abord le dessin sur une sorte de pierre calcaire, extrêmement unie et compacte, qu'on trouve en Bavière, dans le département de l'Ain, dans ceux de l'Indre, du Cher et quelques autres; on se sert, pour ce dessin, d'un crayon gras ou d'une encre préparée exprès On promène sur la pierre un rouleau élastique chargé d'encre aussi préparée, qui ne s'attache qu'aux traits. On met ensuite sous presse comme pour la gravure. On fait ainsi des portraits, des paysages, etc.; on lithographie aussi l'écriture, les cartes géographiques : il faut que l'artiste ait une main très exercée pour que les caractères soient beaux, et il doit les tracer de droite à gauche, afin qu'après avoir été imprimés ils se présentent de gauche à droite. Cette difficulté a fait imaginer, pour lithographier les textes manuscrits, un papier sur lequel on écrit naturellement. de gauche à droite ; pressé contre la pierre, ce papier y dépose son encre; après quoi on imprime comme pour la lithographie ordinaire; c'est ce qu'on appelle *autographie*.

Lunettes, — Les besicles furent inventées à Albe, par un Florentin nommé Salvino, au treizième siècle, mais seulement mises en usage au quatorzième siècle par le dominicain Alexandre Spina. — Les lunettes d'approche furent inventées au commencement du dix-septième siècle. Sous Louis XV, on atteignit des grossissements de 60 à 70 fois, à l'aide desquels on put apercevoir des satellites. Le roi d'Angleterre fit present au duc d'Orléans, alors régent, d'une lunette à grossissement de 100 fois. Herschell découvrit son grand télescope qui grossit 6,000 fois.

M

Magnétisme animal. — Doctrine qui eut pour auteur Mesmer, médecin allemand, duquel elle prit le nom de Mesmérisme. Il l'enseigna à Paris de 1760 à 1784. Les savants se préoccupent encore aujourd'hui de cette science sans pouvoir établir de théories certaines.

Marronnier. — Bachelier l'apporta de Constantinople à Paris, en 1615. — L'Autriche le possédait en 1588, et l'Angleterre depuis 1550. Une précieuse découverte a été faite en 1848, par M. Flandin, chimiste distingué. Il a débarrassé le marron d'Inde de son principe amer au moyen de l'eau et du carbonate de soude, et en a fait un aliment aussi nourrissant, dit-on, et à meilleur marché que la pomme de terre.

MÉCANIQUE. — Les lois de la mécanique devaient être connues des Égyptiens, qui n'auraient pu sans elles construire leurs pyramides. Les propriétés générales des corps que l'on doit considérer en mécanique sont : l'étendue, l'impénétrabilité, la divisibilité, la porosité, la densité, la compressibilité, l'élasticité et la dilatabilité.

MÉGASCOPE. — Cet instrument, inventé par le physicien Charles à la fin du dernier siècle, a beaucoup de rapports avec le microscope; mais il est destiné à l'examen des objets d'assez grande dimension.

MERCURE. — La découverte de ce métal se perd dans la nuit des temps. La congélation du mercure, avec lequel se construisent les thermomètres, et si utile dans l'exploitation des mines d'argent et d'or, fut remarquée par Delisle et Gemlin en Sibérie, par Braun à Saint-Pétersbourg, en 1759, et fixée par les expériences de Cavendish, en 1783, à 31 degrés et demi au-dessous de zéro. — C'est le seul métal liquide. Il attaque l'or et l'argent, et les dissout.

Le mercure, mélangé avec le soufre à l'état naturel, est nommé cinabre ou vermillon.

MÉRINOS. — Les premiers mérinos qui parurent en France furent envoyés en présent à Louis XVI, qui en composa le fameux troupeau de Rambouillet, confié aux soins et à la direction du naturaliste Daubenton, qui l'acclimata sur le sol français, et le fit si bien se reproduire et s'accroître, que la multiplication finit par déborder dans le commerce. — La création des étoffes mérinos et des cachemires est due à Ternaux; elle date de 1819.

MÉTAUX. — Jusqu'au dix-septième siècle, on ne connaissait que les sept métaux employés de toute antiquité, qui sont : l'or, l'argent, le fer, le mercure, l'étain, le cuivre et le plomb; aujourd'hui on en connaît quarante-sept. Les métaux le plus généralement employés, outre les sept dont nous avons parlé plus haut, sont le platine, l'antimoine et le zinc.

Massue. — Date de la plus haute antiquité ; en usage jusqu'au quinzième siècle.

Microscope. — Inventé vers la même époque par Corneille Drebbel et par le Zélandais fabricant de lunettes, Zacharie Jansen, appartenant tous les deux au seizième siècle. — Le Hanovrien Gottlieb Hoffmann inventa, en 1774, le microscope qui fait paraître les insectes d'une grandeur colossale. — C'est avec cet instrument que Bonnet, Spallanzani et Réaumur ont fait leurs merveilleuses observations. Le microscope solaire date de 1743. Il fut inventé par le docteur Lieber Kauhns. — Le microscope à plusieurs lentilles peut grossir jusqu'à huit cents fois.

Minium. — Offert par le hasard à la vue de l'Athénien Callias, qui crut avoir découvert la pierre ou plutôt la poussière philosophale ; il la passa sur-le-champ par le feu, et, au lieu de la transmutation en or, il obtint ce beau rouge éclatant auquel nos chimistes français modernes ont donné une perfection si rare.

Miroirs. — Ils furent d'abord en airain, en fer bruni, en acier poli, et aujourd'hui même, en Orient, on en voit fort peu comme les nôtres. — Les premiers miroirs en verre furent fabriqués dans les verreries de Sidon. Les Vénitiens revendiquent l'invention de ceux de cristal pour le quatorzième siècle.

Miroirs ardents. — L'histoire attribue à Archimède l'invention des miroirs, dont il se servit au siége de Syracuse pour embraser la flotte des Romains, commandée par Marcellus.

Moiré métallique. — Cette opération consiste à chauffer une feuille de fer-blanc, à la mouiller avec un mélange d'acides, puis à la tremper dans l'eau froide. On applique ensuite dessus un vernis blanc ou coloré, selon l'aspect que l'on veut donner à son produit. Ce procédé a été inventé par M. Allard en 1838.

MONDE (NOUVEAU), ou nouveau continent. Deviné et découvert par Christophe Colomb en 1492. Il fut nommé Amérique, du nom d'un navigateur nommé Améric Vespuce, qui s'y rendit peu de temps après Colomb; mais tout l'honneur de la découverte doit revenir à ce dernier.

MONTRES. — C'est à Nuremberg, au commencement du seizième siècle, que furent faites, par Pierre Hele, les premières montres de forme ovale, ce qui les fit appeler d'abord OEufs de Nuremberg. — Celles à repétition ont été inventées par l'Anglais Barlow, sur la fin du règne de Charles II (1676). — Les montres ont reçu de grands perfectionnements dans notre siècle par les travaux de MM. Leroy et Bréguet.

MOULINS. — Le blé fut d'abord moulu à l'aide de pilons et de mortiers; on se servit ensuite, en Asie, en Grèce et à Rome, de moulins que des ânes et des chevaux faisaient mouvoir. Les moulins à eau paraissent avoir été connus des Romains dans le premier siècle. — Les moulins à vent furent inventés par les Arabes en 650. Les premiers qui furent établis en France datent de 1250.

MOUSQUET. — L'invention en est attribuée aux Tartares et aux Mogols en 1380. Cette arme parut au siége de Saint-Malo par les Anglais, en 1480. Ce ne fut que de 1560 à 1574 que le mousquet fut donné aux troupes françaises; il fut remplacé par le fusil en 1630.

MOUSSELINE. — Cette toile fine, faite avec du coton, tire son nom de la ville de Mossoul ou Moussoul, où l'on a commencé à la fabriquer. Tarare et Saint-Quentin sont, depuis une quarantaine d'années, renommés pour leurs mousselines.

Murier. — La culture du mûrier, dont les feuilles servent à la nourriture des vers à soie, fut introduite en France sous Charles VIII; mais, dès le septième siècle, elle avait été exportée de la Chine, et s'était acclimatée en Europe sous Justinien. —Les mûriers de la presqu'île de Morée (ancien Péloponèse) étaient renommés — Henri IV en fit planter quinze mille dans l'ancien jardin des Tuileries, et affranchit ainsi la France du tribut annuel qu'elle payait à l'industrie étrangère. — Aujourd'hui plusieurs de nos départements s'adonnent à la culture du mûrier. Le climat de l'Algérie est des plus favorables pour la culture du mûrier, et des entreprises sérieuses, qui se sont faites pour établir des magnaneries dans ce pays, ont produit d'immenses bénéfices.

Musique. — Cet art est de toute antiquité. Ce fut Pythagore qui donna le premier les règles certaines et fondamentales de la musique (sixième siècle av. J.-C.). Il n'y a en réalité que trois écoles en musique : l'école italienne, l'école allemande et l'école française. Le piano, nous l'avons dit, fut inventé par le Saxon Silbermann, facteur d'orgues, en 1750. On voit encore ce premier piano à Strasbourg.

N

Nankin. — Étoffe fabriquée dans la ville de ce nom, en Chine, qui l'envoie par Canton en Europe. A Roubaix et dans d'autres manufactures de France, on fabrique beaucoup d'étoffes semblables au nankin.

Noix de galles. — La noix de galles est une production végétale qui se forme sur les chênes par suite de la piqûre d'un insecte qui détermine une maladie de l'arbre. Cette substance, employée dans beaucoup de compositions chimiques, et notamment dans la fabrication de l'encre, fut remarquée pour la première fois en 1628 par l'Italien Malpighi.

O

Omnibus. — L'idée première de l'établissement des omnibus remonte à Pascal. Des lettres patentes furent signées en 1662 par Louis XIV pour autoriser la formation d'un nouvel établissement de carrosses publics pour le *transport en commun* des personnes. Les mémoires du temps rapportent que le service de ces voitures fut organisé, mais elles ne fonctionnèrent que très peu de temps. Les omnibus que nous voyons de nos jours ont commencé à circuler dans Paris en 1825.

Opium. — Le meilleur provient de la Turquie et de la Perse. Outre les nombreux usages en médecine de ce remède, les Asiatiques, et notamment les Chinois, le fument et en éprouvent, comme avec le haschich, une sorte d'ivresse pleine de charmes : mais l'abus qu'on en fait amène le tremblement, la paralysie et la stupidité. — Nous devons l'usage de l'opium, en France, à Paracelse, qui l'employa pour la première fois en 1522.

Orgues. — On trouve dans les siècles les plus reculés des traces de l'existence d'un instrument analogue. Toutefois il ne paraît pas que l'orgue à soufflet ait été en usage avant le cinquième siècle. Son emploi dans les églises ne fut consacré qu'en 660, par un décret du pape Vitalien. — En 577, Constantin Copronyme envoya au roi Pépin le Bref un orgue ; c'est le premier qui parut en France. Le roi en fit don à l'église de Saint-Corneille de Compiègne. Bientôt il y eut des facteurs d'orgues en Allemagne. Le pape Jean IX en fit venir plusieurs à Rome, en 898. — Au commencement du dixième siècle, l'abbaye de Westminster avait déjà des orgues à soufflet, mais le mécanisme en était informe et grossier. Dès le commencement du quinzième siècle (1417), l'orgue était parvenu à une assez grande perfection. En 1750, un orgue construit en Souabe, par Glaber, comptait 66 jeux différents, 66 registres réglant 6,666 tuyaux; il y avait 4 claviers pour les mains et 2 claviers-pédales pour les pieds. — Dans les constructions des églises, un emplacement est réservé pour y placer l'orgue.

De nos jours, les orgues sont parvenues à une admirable perfection.

OXYGÈNE. — Priestley, qui le découvrit en 1774, le nomma air vital; il prouva que c'est à son action qu'est due la couleur rouge du sang des artères, et qu'il est le principe de la combustion des corps.

PANORAMA. — Le premier panorama établi à Paris est dû à l'Américain Fulton, en 1804.

Le panorama avait été inventé en Angleterre par Barker, en 1787.

P

PAPIER. — Ce nom vient du mot Papyrus, espèce de roseau qui croît sur les bords du Nil, et sur les feuilles duquel on écrivit, alternativement avec le parchemin, jusqu'au treizième siècle, époque de l'usage assez général, et venu d'Orient, du papier de chiffons, inventé dès la fin du onzième siècle. Mais antérieurement encore on s'était servi d'abord de feuilles de palmier, puis d'écorces d'arbre, ensuite de cire, dont on enduisait des tablettes d'ivoire qui recevaient l'écriture au moyen du trait aigu d'un poinçon ou d'un stylet. Horace dit dans son *Art poétique : Sæpe stylum vertas*, retournez souvent votre style, parce qu'au bout opposé à la pointe le style ou stylet portait un carré plat destiné à effacer les caractères déjà écrits. — Les premières manufactures de papier datent, en France, de Philippe de Valois (quatorzième siècle). Celles d'Angleterre ne paraissent qu'au seizième. — Le papier de Chine remonte à 2000 ans, d'après les auteurs chinois. — Le papier vélin fut inventé par l'Anglais Baskerville, qui, en 1757, édita un Virgile sur ce papier. Johannot, Réveillon, et surtout Montgolfier et Ambroise Didot, ont les premiers perfectionné en France le papier vélin. — Les papiers peints sont d'origine chinoise et très ancienne, mais ce n'est qu'en 1780 que les manufactures se multiplièrent en France avec succès. — Le parchemin fut, dit-on, inventé par un roi de Pergame afin de remédier à la défense que Ptolémée Soter, roi d'Égypte, avait faite de laisser sortir du papyrus de ses États (263 ans av. J.-C.). — Le parchemin se fait avec des peaux de moutons ou de chèvres préparées pour recevoir l'écriture.

Parachutes. — Ils furent inventés par Lenormand en 1784, et ce fut mademoiselle Elisa Garnerin, fille de l'aéronaute, qui en fit la première l'expérience.

Paratonnerres. — Le paratonnerre fut inventé par Franklin. Il y eut des paratonnerres en Amérique dès 1757. Mais ce fut seulement en 1782 qu'on en vit en France, établis par les soins de Chappe et de Bertholon. Le premier paratonnerre français fut placé sur la machine de Marly.

Pavage. — La coutume du pavage des routes (il n'est pas question des rues) était pratiquée du temps des Romains. Cordoue, en Espagne, fut la première ville moderne que l'on pava, au neuvième siècle, sous Abderhaman. — Paris ne commença à être pavé, pour un nombre de rues du reste fort restreint, que par ordre de Philippe Auguste, vers 1185.

Peinture — Cet art est d'origine égyptienne selon les uns, d'origine grecque selon les autres. Polygnote, Apollodore, Zeuxis, Parrhasius, Timanthe, Eupompe, Asclépiodore, et surtout Apelles, illustrèrent Corinthe, Sicyone, Athènes, de leurs chefs-d'œuvre. La décadence de la peinture suivit la décadence de l'empire romain. Elle doit sa renaissance à Cimabuë (treizième siècle). — La peinture à l'huile fut inventée au quinzième siècle, par Jean de Bruges, ou Van

Eyck, de l'école flamande. — Le seizième siècle produisit, en Italie, les illustres écoles d'où sortirent les Michel Ange, les Vinci, les Titien, les Corrége, les Carrache, les Guide et les Raphaël. — Le dix-septième siècle fut illustré par les œuvres de Poussin, de Lebrun et de Lesueur ; le dix-huitième, de celles de David et de Girodet ; le dix-neuvième siècle enfin, voit les noms des Gros, des Gérard, des Delacroix, des Delaroche et des Vernet.

Le pastel n'est connu que depuis la fin du dix-huitième siècle.

PENDULE. — Le pendule, inventé par Galilée, fut appliqué aux horloges par Huyghens.

PENDULES. — Leur invention est attribuée au Hollandais Jean Fromentel. — La pendule marine fut présentée, en 1724, à l'Académie des Sciences, par un célèbre horloger nommé Sully.

PERLES. — Les Romains eurent une véritable passion pour les perles, qu'ils faisaient venir d'Orient. L'art de les imiter a été perfectionné, selon les uns, inventé selon les autres, par un Français nommé Jaquin Leur usage, en Europe, s'y maintint jusqu'à la mort de Marie-Thérèse d'Autriche (1683), époque à laquelle parurent les diamants.

PERSPECTIVE. — Appliquée aux décorations théâtrales par un peintre de Samos, nommé Agatharque (environ 480 ans av. J.-C.) — Le premier peintre de perspective français s'appelait Varin. — Marie de Médicis lui confia la galerie du Luxembourg, et ses travaux furent continués par Rubens.

PESANTEUR.— La pesanteur de l'air fut reconnue en 1643 par Torricelli, élève de Galilée, et confirmée par les expériences de Pascal (1646), qui reconnut que le poids de l'air diminue à mesure qu'on s'élève dans l'atmosphère.

L'eau est 770 fois plus pesante que l'air.

Phares. — Les premiers phares furent bâtis en marbre blanc sous les règnes de Ptolémée Soter et de Ptolémée Philadelphe (Égypte). — De leur sommet on découvrait les vaisseaux à cent milles en mer. Le premier phare construit dans les Gaules fut celui de Boulogne.

Phosphore. — Découvert par Brandt, alchimiste de Hambourg, qui faisait des expériences sur l'urine, et ensuite par le chimiste Kunckel, qui, ayant reçu de Brandt un échantillon sans le secret de sa préparation, en dut la découverte, véritablement scientifique, en 1674, à son travail persévérant et à ses nombreuses expérimentations. — Il ne fut connu en France qu'en 1737 ; l'existence du phosphore dans les os fut découverte par Gahn, en 1769.

Pile (dite de Volta). — Appareil électro-moteur, l'une des plus fécondes découvertes de notre siècle, due au physicien Volta.

Piques.—La pique, qui datait de la plus haute antiquité, fut définitivement remplacée en 1703.

Pistolet. — Arme inventée à Pistoie, employée pour la première fois en 1544. Aujourd'hui on fabrique des pistolets à plusieurs coups auxquels on a donné le nom de *revolvers*.

Plain-chant. — La première forme qui fut donnée au chant dans les églises est attribuée à saint Ambroise au quatrième siècle.

Platine (or blanc), de l'espagnol *plata, platina* (argent); plus inaltérable que l'or, et plus précieux par la rareté, ce métal n'est connu en Europe que depuis le dix-huitième siècle. Il fut découvert par Wood, essayeur à la Jamaïque, en 1751. Il est originaire du Pérou et des monts Ourals (Russie). C'est le plus dur des métaux ; il ne fond qu'à des températures excessives, et est inattaquable par la plupart des agents chimiques; aussi l'emploie-t-on, outre l'horlogerie, en bassins et en creusets pour l'usage des laboratoires, et dans la fabrication des bijoux.

Plomb. — On croit que le laminage du plomb fut anciennement connu, puis oublié; mais le procédé en fut réellement retrouvé par un Français, nommé Rémond, au commencement du dix-huitième siècle.

Plumes. — On se servit d'abord de roseaux pour écrire, puis, simultanément, de roseaux et de plumes. Vers 693, les plumes ont généralement prédominé, excepté en Grèce, en Perse, et en Turquie, où l'on est resté fidèle au roseau. Les Hollandais ont été longtemps les seuls qui connussent l'art de préparer convenablement les plumes à écrire. — Quant aux plumes métalliques, dont on fait aujourd'hui une si grande consommation, elles ont été imaginées par un mécanicien nommé Arnoux, au milieu du siècle dernier.

Pneumatique (Machine). — Cette machine, qui a fait révolution dans la physique, et qu'on a si puissamment perfectionnée de nos jours, a été inventée par Otto de Guericke, de Magdebourg, qui, en 1634, fut admis à en démontrer les effets à la diète de Ratisbonne.

Pomme de terre. — Elle fut apportée d'Amérique en Europe par Walter Raleigh en 1586. Pendant plus d'un siècle elle fut cultivée dans les jardins comme une plante exotique curieuse. Importée en Hollande et en Flandre par Charles de l'Écluse à la fin du seizième siècle, elle y resta ignorée jusqu'à 1620, époque à laquelle des Chartreux Irlandais réfugiés en firent connaître les propriétés nutritives. Cultivée en Alsace en 1645, la pomme de terre était presque inconnue en France. La propagation de ce précieux tubercule est due aux efforts de Parmentier, qui en a généralisé la culture et l'usage en France. On lui accorda la plaine des Sablons (aujourd'hui Sablonville) pour la cultiver. Le gouvernement envoya des semis dans les provinces les plus éloignées. Parmentier trouva encore le moyen de tirer de l'eau-de-vie du *solanum tuberosum*. Combinée avec certaines parties de farine de froment, elle donne de bon pain ; on continue à en extraire de l'eau-de-vie.

Pompes. — En usage en Grèce et à Rome. — *Pompes à feu*. C'est à l'Angleterre qu'est due la première pompe à feu (dix-huitième siècle); la première construite en France le fut en 1781 par les frères Périer, mécaniciens, qui s'établirent à Chaillot. Le succès de cette tentative généralisa bientôt dans les ateliers l'usage des machines à vapeur. — Les pompes à incendie furent essayées pour la première fois à Paris en 1699, sous le ministère du lieutenant de police d'Argenson. Protégées par le roi, elles se multiplièrent, et le corps des sapeurs-pompiers fut établi.

Ponts suspendus. — Les ponts en fils ou chaînes de fer ont été imaginés en 1799. Ils furent exécutés pour la première fois en Angleterre en 1819, par Richard Lees.

Porcelaine. — L'art de fabriquer la porcelaine était connu en Chine et au Japon de toute antiquité. En Europe, ce fut en France qu'eurent lieu les premiers essais de la fabrication de la porcelaine, en 1695 ; mais on ne réussit à former qu'une porcelaine fusible et qui se fendait par le passage subit du froid au chaud. En 1706, Botticher parvint à faire de la porcelaine dure, mais elle était grise et semblable à la poterie de grès raffiné. On ne parvint à en fabriquer de parfaitement blanche qu'en 1717, sur les renseignements adressés de Chine par le jésuite d'Entrecolles. La manufacture de Sèvres fut fondée en 1756. Les premières porcelaines de Saxe datent de 1702.

Poste (aux lettres). — Louis XI établit des messagers royaux chargés de porter dans les provinces les dépêches officielles ; mais ce ne fut que plus tard que le public put faire usage de ce service. La petite Poste de Londres date de 1683 ; celle de Paris fut créée en 1759.

Poudre. —Lorsque le moine allemand Berthold Schwartz inventa la poudre, entre 1340 et 1350, elle était connue en Chine de temps immémorial. La poudre-coton a été inventée en 1846 par M. Schonheim.

Presse hydraulique. — Cette machine, inventée par Pascal, et perfectionnée depuis, s'emploie particulièrement pour presser les draps. Par le moyen d'une pompe, on élève l'eau dans un conduit qui la porte dans un autre corps de pompe. Celui-ci reçoit un piston au-dessus duquel est attaché le plateau où l'on pose la matière destinée à être pressée. Le piston, poussé avec force de bas en haut par l'eau dont on vient de parler, fait monter le plateau vers une table établie solidement dans le haut de la machine, et le drap, ou tout autre objet, est alors étroitement comprimé entre cette table et le plateau.

Puits (artésien). — Dénomination donnée à des puits forés et à des eaux jaillissantes, parce que les premiers percements pour les découvrir furent faits sur le sol du Pas-de-Calais et de l'Artois. Le forage du puits de Grenelle, par Mulot, est un des exemples les plus remarquables d'une constance de volonté et d'une inébranlable conviction qu'aucun obstacle ne peut rebuter.

Q

Quinquets. — Inventés en 1785 par Quinquet et Lange.

Quinquina. — Ce fébrifuge, d'origine péruvienne, fut importé en France par le cardinal Lugo, en 1650; et sa vogue, ainsi que celle de l'émétique, date de 1680. — Le célèbre Leroy composa avec des végétaux indigènes le quinquina français.

R

Réfraction. — Lois de la réfraction trouvées par Descartes en 1629. — Le mirage est dû à la réfraction totale de la lumière.

Restauration (des tableaux). — Art précieux dont l'école vénitienne est la première qui fit usage; cet art a été poussé à la perfection en France. On cite comme la plus remarquable des restaurations le tableau de Raphaël nommé la Vierge de Foligno.

Réverbères. — Le lieutenant de police la Reynie remplaça, en 1770, les lanternes par les réverbères.

Rouet (à filer). — Inventé par Juryen, à Brunswick, en 1530.

S

Safran. — Sa culture a été entreprise au commencement du seizième siècle dans l'Angoumois.

Sang. — Sa circulation fut découverte et démontrée en 1608 par Guillaume Harvey.

Semoir. — Machine inventée pour semer avec régularité et promptitude. Il en existe de plusieurs sortes ; un des plus ingénieux et le plus en usage est celui inventé par Gairal en 1794.

Serpent. — Instrument de musique employé dans les églises, fut inventé par Edme Guillaume, chanoine à Auxerre, en 1591.

Sève.— Sa circulation fut découverte, en 1667, par Malpighi, médecin d'Innocent XII.

Sextant. — Instrument à réflexion inventé par Hooke, en 1665, et perfectionné (ou à double réflexion) par Halley, en 1731, pour mesurer en mer la hauteur du soleil au dessus de l'horizon et sa distance, ainsi que celle des étoiles à la lune ; ces deux instruments sont remplacés aujourd'hui par celui de Borda.

Soie. — La fabrique de soie, d'origine sicilienne, pénétra de Sicile en Italie et en Espagne. La première manufacture de soierie française fut établie à Tours par Louis XI en 1470 ou 1474. Henri IV en établit aussi à Lyon et à Paris. Les premiers bas de soie furent portés en France par Henri II.

Sténographie. — On croit que cette invention est d'origine grecque. Cicéron dans une de ses lettres indique les moyens sténographiques qu'employait son affranchi Tyrrhon, qui se servait aussi de moyens mnémoniques pour aider sa mémoire (mnémotechnie); mais les perfectionnements de la sténographie ont une date toute moderne (1782).

Stéréotypie. — Cet art, que les Didot et les Herban ont porté, en 1798, aux dernières limites de la perfection, fut pratiqué en France, en 1735, par un imprimeur nommé Walleyre, et dut son principe de perfection, en 1739, à l'Anglais William Ged.

Sucre. — Les Grecs le nommaient sel indien, miel de roseau, et les Romains *saccharum*, d'où est venu par contraction le mot sucre.

La canne à sucre est originaire de la partie des Indes qui se trouve au delà du Gange; mais elle était connue et travaillée en Chine plus de 200 ans, assure-t-on, avant son introduction en Europe. L'Arabie la posséda d'abord dès le neuvième siècle. Ce fut ensuite la Nubie, puis l'Égypte, l'Éthiopie, la Syrie, Chypre et la Sicile, qui, en 1420, la transmit au Portugal ; le Portugal à l'île de Madère, l'Espagne aux Canaries, puis à l'île Saint-Thomas, dont les manufactures se multiplièrent au commencement du seizième siècle. Saint-Domingue, enfin, dut la canne à sucre à la découverte de l'Amérique, et sa reproduction y fut si abonlante, qu'elle en eut bientôt, avec les Indes, le monopole presque exclusif. Mille tentatives furent faites alors pour rivaliser avec l'Amérique; mais le sucre produit par la cristallisation des sirops de miel, de raisin, de prunes, de châtaignes, de marrons, de pommes de terre, de panais de carottes, de bouleau, d'érable, ne put tenir contre la concurrence sérieuse de la betterave. On en fait remonter la fabrication à l'année 1695, et les uns l'attribuent à Olivier de Serres, d'autres au chimiste prussien Margraf, en 1747. Le succès en fut si merveilleux et la propagation s'en est tant multipliée depuis, que notre affranchissement du tribut que nous payions aux colonies date de 1806, époque où le sucre de betterave remplaça avantageusement celui des Antilles.

T

Tabac. — L'introduction de cette plante en Europe a eu lieu, vers la seconde moitié du seizième siècle, par l'intermédiaire de Nicot, ambassadeur à la cour de Portugal, et elle fut présentée à Catherine de Médicis, ce qui lui fit donner d'abord le nom de *Nicotiane* ou d'*herbe à la reine*. Mais les Espagnols, qui l'avaient tirée de l'île de Tabago, l'Anglais Francis Drake, qui l'en apporta également à Londres en 1585, firent prévaloir le nom de tabac (*tabacco*) qui lui est resté. Il est cultivé en France dans les départements du Nord, du Pas-de-Calais, du Bas-Rhin, d'Ille-et-Vilaine, du Lot et de Lot-et-Garonne.

C'est du tabac que se tire un poison violent nommé *Nicotine*.

Taffetas. — C'est au hasard qu'est due la découverte de cette transmutation de la soie qu'on appelle *taffetas lustré*. Un marchand de soie de Lyon, Octavio Mai, avait, tout en méditant sur son commerce, macéré dans sa bouche une petite touffe de soie écrue; il finit par la cracher, y porta machinalement les yeux, et resta frappé du lustre inaccoutumé qu'il y aperçut. Doué d'une intelligence supérieure, il examine, devine tout, et produit bientôt ces taffetas éclatants qui ont rendu si célèbres, en les enrichissant, les manufactures de Lyon.

TANNAGE. — C'est seulement en 1765 qu'on découvrit, en Angleterre, les propriétés de l'écorce de chêne pour le tannage.

TAPIS, TAPISSERIES. — Les Mèdes et les Perses connaissaient l'usage des tapisseries. A une époque reculée, ces tapisseries, qui représentaient généralement des objets bizarres, furent exportées en Grèce. De là elles passèrent aux Romains, depuis qu'Attale, roi de Pergame (au deuxième siècle avant Jésus-Christ), qui possédait de magnifiques tapis brodés de soie, d'or et d'argent, eut institué ce peuple son héritier, Pour les tapis, comme pour toutes les inventions, si l'on en veut croire les annales chinoises, un des empereurs du Céleste-Empire aurait fait exécuter au métier, dans le onzieme siècle avant J.-C., des tapis représentant des images symboliques et qui étaient portés par les mandarins les jours de grandes fêtes. On travaillait les tapis en Italie dès les premiers siècles de notre ère avec une grande perfection. Henri IV établit la manufacture de la Savonnerie de Chaillot, en 1604. Colbert, en 1667, établit la manufacture des Gobelins, qui prit son nom d'une famille de teinturiers célèbres qui datent de François Ier. Les produits français surpassent aujourd'hui ceux des Orientaux.

TÉLÉGRAPHE. — L'idée de transmettre des ordres ou des nouvelles d'un lieu à un autre, au moyen de signaux, date de la plus haute antiquité. Les télégraphes anciens consistaient en des étendards ou des feux. Il est évident qu'on ne pouvait ainsi transmettre des nouvelles que sur des faits prévus d'avance. Hooké, en 1584, imagina un procédé par lequel on pouvait correspondre au moyen de signes représentant des lettres et des phrases. Amoutons inventa, sur ces données, en 1695, une machine ingénieuse, mais tellement compliquée, qu'on pouvait à peine en faire usage.

Plusieurs autres, tels que Kircher, Dupuis et Guyot Paulian, en 1678, l'amiral Kinsbregen et Edelvrantz, en 1782, tentèrent de simplifier ce système. Mais l'inventeur des télégraphes, tels qu'on les employa jusqu'à l'établissement des télégraphes électriques, est Claude Chappe dont le procédé fut adopté par la Convention, en 1794 (décret du 26 juillet). Aujourd'hui on emploie partout les télégraphes électriques, qui transmettent les nouvelles instantanément à des distances considérables. On s'est beaucoup préoccupé, de 1840 à 1845, d'un télégraphe acoustique, au moyen duquel la parole aurait pu être transmise en une heure d'un bout de l'Angleterre à l'autre. Mais cette invention n'a pas eu de suite.

Télescope. — Descartes en attribue l'invention au Hollandais Jacques Métius d'Alkmaer. En 1609, Galilée perfectionna cet instrument très imparfait avant lui, et doit en être considéré comme le seul inventeur. Huyghens, Newton et Herschell ont successivement développé la puissance du télescope, que ce dernier surtout a porté à un grand degré de perfection.

Thermomètre. — Il a été inventé par Corneille Drebbel, paysan hollandais, en 1629. Il fut perfectionné par Réaumur, en 1730.

Thé. — Le thé croît en Chine et au Japon. Importé en Hollande en 1610, il passa en France en 1636, puis en Angleterre. Il a ete jusqu'à ce jour impossible de naturaliser la culture du thé en Europe.

Tissus. — Ce fut sous Colbert, vers 1667, que nos fabriques de draperies prirent un réel essor et purent lutter avantageusement avec celles de Flandre, de Hollande et d'Angleterre. On doit citer, comme une des plus utiles inventions pour la fabrication des tissus, le métier inventé par Jacquard, qui parut pour la première fois à l'Exposition des produits de l'industrie de 1801, et qui porte le nom de son inventeur.

V

Vaccine. — Inoculation faite avec le vaccin ou virus pris des pustules d'un pis de vache, et qui a la propriété de préserver de la petite vérole. Cette découverte, si précieuse pour l'humanité, est due à Jenner, médecin anglais. Dès 1781, des expériences furent faites à Montpellier et eurent le plus heureux succès. Les premiers essais de la vaccine eurent lieu le 1er juin 1800.

Vapeur. — Les machines à vapeur sont une si belle invention, que c'est une grande gloire pour le peuple qui les a imaginées. Les Anglais ont écrit beaucoup de gros livres pour prouver que c'était un de leurs compatriotes, le marquis de Worcester, qui en était l'inventeur. Les Américains ont prétendu que les bateaux à vapeur étaient dus à Fulton, tandis que les Anglais faisaient honneur de leur invention à Jonathan Hull.

Mais un des plus grands savants de notre époque, M. Arago, dans sa notice sur les machines à vapeur, a victorieusement réfuté ces assertions. L'invention des machines à vapeur est due au Français Denys Papin ; le premier bateau à été construit par le Français Périer.

Nous allons donner, aussi clairement que nous le pourrons, dans les limites de notre cadre, les principes et l'historique de la vapeur.

Hiéron d'Alexandrie, 120 ans avant J.-C., indique dans son recueil des *pneumatiques* la force puissante de la vapeur. L'architecte Vitruve, contemporain d'Auguste, explique que l'on peut, par la chaleur, changer l'eau en *air* et produire une force considérable. On voit dans la bibliothèque de l'Institut le croquis d'un canon dessiné par Léonard de Vinci, dans lequel les projectiles auraient été lancés par la force de la vapeur. Le père Leurechon, en 1624, l'ingénieur Branca, en 1629, firent de curieuses expériences. En 1663, le marquis de Worcester résuma dans son livre : *Une centaine d'inventions* (A century of Inventions), ce qu'on savait avant lui sur la vapeur ; mais il n'inventa rien, et ne construisit aucune machine. Le chevalier Morland, en 1682, fit faire à la science de la vapeur un pas plus important que tous ses devanciers en calculant le volume que peut occuper la vapeur par rapport à l'eau qui l'a formée. Si ces calculs n'eurent pas une exactitude irréprochable, ils eurent au moins l'avantage de mettre sur la voie d'une des idées essentielles au mécanisme des machines. Enfin parut Denys Papin qui, en 1690, publia un livre dans lequel il donne, pour la première fois, l'idée d'une machine à vapeur à piston et à cylindre, et bientôt il compléta son œuvre en inventant la soupape de sûreté. Une fois ces bases posées, il n'y avait plus que des questions d'application faciles à résoudre.

Le principe général des machines à vapeur est celui-ci : on place dans une chaudière de fonte ou de cuivre hermétiquement fermée une certaine quantité d'eau, et on chauffe fortement pour réduire cette eau en vapeur. Quand la vapeur est formée, on la laisse passer à de courts intervalles, et alternativement dessus et dessous, au piston qui se meut ainsi par un mouvement de va-et-vient. Ce piston est renfermé dans un tube de fonte ou de fer, et il est en rapport avec un balancier auquel il imprime le mouvement qu'il reçoit par le jeu de la vapeur. Là est tout le principe, car tout le monde comprend qu'on peut mettre ce balancier en contact avec tel appareil qu'on le juge convenable. Grâce à la soupape de sûreté, imaginée également par Papin, les explosions sont presque impossibles.

L'invention des bateaux à vapeur a précédé celle des locomotives. Papin développa, en 1695, les moyens d'appliquer la vapeur à la navigation. Ce ne fut que quarante-deux ans plus tard que Jonathas Hull obtint une patente pour la construction d'un bateau à vapeur, et encore ne fut-il pas donné suite à son projet. Le premier bateau ne fut construit qu'en 1775 par Périer. En 1781, le marquis de Jouffroy lança sur la Saône un bateau qui avait 46 mètres de long sur 4 mètres 50 de large, et qui était mu par deux machines à vapeur. Mais, M. de Jouffroy ayant émigré lors de la Révolution, son entreprise fut abandonnée. En 1803, Fulton proposa au gouvernement français de construire un bâtiment à vapeur, mais il ne fut pas écouté. Il se rendit alors aux États-Unis, et il eut la gloire de lancer à New-York, en 1807, le premier navire mu par la vapeur et pouvant faire des voyages de long cours. L'Angleterre n'a commencé à voir des bateaux à vapeur fonctionnant régulièrement qu'en 1813, et la France n'en a eu qu'en 1816.

Les premières locomotives furent construites au commencement de ce siècle par Watt. Quant aux rails ou routes à ornières de fer, elles étaient connues en Angleterre depuis 1630, époque à laquelle elles avaient été imaginées par un ingénieur nommé Beaumont, pour le service de New-Castel.

Les premières voies ferrées livrées en France à la circulation publique furent celles de Saint-Étienne à la Loire (1828) et de Saint-Étienne à Lyon (1832). Au 1er janvier 1861, la France possédait un réseau de chemins de fer de 9,534 kilomètres en exploitation, et de 7332 kilomètres en construction ou concédés.

En Angleterre, la première route ferrée fut celle de Stokhton à Darlington (1820). En 1856, son réseau était de 21,555 kilomètres dont 14,025 en exploitation.

Verre. — Il est question de verre dans le livre de Job, et l'art de couler du verre blanc fut découvert au premier siècle. Saint Jérôme dit, dans ses écrits, que l'usage de placer des vitres aux maisons était fort ancien. Les premières verreries en Europe furent établies à Venise. Les fenêtres de l'abbaye de Saint-Denis étaient entièrement garnies de verres de couleur dès le commencement du douzieme siècle. — En 1610, Lehmann trouva le moyen de graver sur le verre.

Paris. — Typ. Vert Frères, rue du Pourtour-Saint-Gervais, 8.

www.ingramcontent.com/pod-product-compliance
Lightning Source LLC
LaVergne TN
LVHW050430160826
845677LV00002BA/629

* 9 7 8 2 3 2 9 6 8 1 2 1 4 *